Jog on

How Running Saved My Life

跑步拯救了我的生活

一个焦虑与抑郁患者的自白

[英] 贝拉·麦凯 著
（Bella Mackie）

柴丹 译

中信出版集团 | 北京

图书在版编目（CIP）数据

跑步拯救了我的生活：一个焦虑与抑郁患者的自白 /
(英) 贝拉 · 麦凯著；柴丹译. -- 北京：中信出版社,
2020.4（2021.12重印）
书名原文: Jog On: How Running Saved My Life
ISBN 978-7-5217-1383-1

Ⅰ. ①跑… Ⅱ. ①贝…②柴… Ⅲ. ①健身跑—关系
—心理调节—通俗读物 Ⅳ. ①G806-49②B842.6-49

中国版本图书馆CIP数据核字（2020）第021560号

跑步拯救了我的生活——一个焦虑与抑郁患者的自白

著　　者：［英］贝拉 · 麦凯
译　　者：柴　丹
出版发行：中信出版集团股份有限公司
（北京市朝阳区惠新东街甲4号富盛大厦2座　邮编　100029）
承 印 者：中国电影出版社印刷厂

开　　本：880mm × 1230mm　1/32　　印　　张：9.5　　字　　数：180千字
版　　次：2020年4月第1版　　印　　次：2021年12月第3次印刷
京权图字：01-2020-0612
书　　号：ISBN 978-7-5217-1383-1
定　　价：52.00元

服务热线：400-600-8099
投稿邮箱：author@citicpub.com

目 录

1 km

一切都糟透了

今天我跑了3分钟。在黑暗中，我跑得很慢，而且时断时续。这3分钟比我一生中所有的跑步经历都要漫长。我上气不接下气，浑身刺痛，但这种感觉比我在过去几年中的感受要好得多。作为第一次尝试，这样就够了。现在我可以回家大哭一场了。或者，回去喝点儿酒。

我躺在起居室的地上，看着我的丈夫快步走向大门。就在这个时候，我已经开始思考接下来将要发生的事。当一段婚姻破裂的时候，会有剧烈的心碎，难堪的诘问，有时还会令人窘迫不已。我可以想象所有这些情景。我的眼睛盯着地毯，思绪已经跳跃到未来，模糊地预料到即将发生的事。我甚至开始在脑海中粗略地整理出一组悲情歌单，在接下来的几星期里，它们会在凌晨4点凄厉地响起。

现在我已经知道，心碎时刻可能简单得不可思议。它并不总是像你想象的那样：两个成年人经历了旷日持久的疏离，爱情和慰藉在几年时间中缓缓褪色，直到消失无踪。有时候，心碎发生在一瞬间，仿佛一次突然袭击，让你措手不及。那个人站在你面前，直视着你的眼睛，告诉你他要离开你了，他不再爱你，他爱上了别人，你不够好。面对此情此景，你以为自己会这样反应：“哦，我要死了，我不可能承受这种打击。”你身体里的某种东西突然断裂了，你只想躺在地板上，等着被死神带去天堂。

我不知道哪种方式更糟糕。它们都很可怕。大多数的分手都很可怕。我曾经听说过一个故事，一对夫妇在餐厅吃饭，一个多小时里，他们互不理睬。当咖啡端上来的时候，丈夫小声对妻子说了什么，妻子语气尖锐地反驳道：“问题不在于咖啡，而在于过去的整整 25 年。”像这种缓慢的崩溃实在是可怕，但如果你被突然袭击，那种打击则是残酷的，让你痛彻心扉。奇怪的是，后者尽管冲击巨大，应对起来反而简单。因为迟早你会意识到，你并不会死。你甚至无法茫然地盯着地毯太久，因为你必须去接孩子放学，去遛狗，或者去上班。也许你只是需要去上厕所。你的痛苦甚至无法与一个普通星期一的日常需求相抗衡。在产生了这份令人郁闷的觉悟后，你清晰地看到了未来：你终将跌跌撞撞地度过这一心碎时刻。但这需要很长时间。心碎是简单的，恢复的过程是漫长的。有时你甚至不愿意去尝试。

还躺在地板上的时候，我就已经知道，很快我就不得不从地板上站起来。我甚至知道，如果运用正确的应对技巧，最后我会

“康复”的。但同时我也知道，与大多数成年人不同，我尚未掌握任何应对技巧。

早在学会如何解读感受之前，我们就学会了直接去感受。婴儿哭哭笑笑、生气，但他无法向我们解释原因。随着不断成长，我们学会了必要的应对压力或创伤事件的方法。在青春期，我们经常会出现挫败和混乱的感受，但我们最终获得了对自我的理解，学会了如何更好地应对正在发展、成熟的情绪。一直到成年，我们还会使用这些工具，我们不断完善它们，一边成长，一边更清晰地理解如何面对生活中的挑战。至少，大部分人都是如此。然而，直到我躺在地板上的那个时刻，我才意识到，在过去的人生中，我一直在逃避自己的问题。在儿童时代，我已经开始焦虑，我不懂如何处理我的焦虑，我试图掌控、主宰我的人生。心理健康问题影响了我的个人成长，我非常害怕应对挑战，试图严格控制周围的环境，避免遭受任何伤害。遇到困难的时候我会选择放弃。我尽量回避那些需要个人奋斗和独自面对的机遇。我让自己渺小地存在着。

从小我就习惯了把头埋在沙子里，并用魔幻的思维方式去屏蔽负面的信息。我没有意识到自己病了，而是想办法应付我的焦虑和非理性念头，但我没有成功。如果头脑中出现一个可怕的念头，我会吐唾沫，或者使劲眨眼睛，希望驱除这个念头。我避免使用某些数字、字母、颜色，避免听某些歌曲，去某些地方。所有这些方法都是在和大脑“谈判”，我希望通过坚持使用这些小伎俩，让那些不好的念头离开。然而，这些方法都不管用，我的焦虑越来越强烈。这些应对技巧对我没有好处，它们造成的结果是，我得了广场恐怖症，很容易惊恐发作，产生侵入性思维，表现出歇斯底里和抑郁症状。在我丈夫离开之前的那些年，我过的都是这样的生活。我（诚实地说）连自己去超市都有困难，何况要面对如此可怕的分手。我知道我必须从地板上爬起来，但我不知道接下来能做什么。一切都笼罩在恐惧中。

焦虑是狡猾的。焦虑症的表现形式多种多样，不到患者彻底绝望的地步，经常无法确诊。你可能在长达几年时间里时不时经历惊恐发作，但你甚至都没有意识到那是惊恐发作。你可能认为你的健康出了严重问题，比如以为自己患了中风或心脏病（我 18 岁时在夜店就有过这样的经历，这很大程度上是醉酒朋友们的狂欢引起的），或者痴迷地研究高血压。你可能对侵入性思维的出现感到非常羞愧，从来不敢告诉任何人，更不要说承认自己有强迫症状。你没有认识到，那些跳入脑海的可怕的意象和念头只是一些想法，它们并不能伤害到你；相反，你可能会花费多年时间试图消除它们，让它们平静下来。所有这些做法都可能使你陷入严重抑郁，好像完全丧失了应对问题的能力。我的表现是，在昏睡中度日，沉溺于日间电视节目（一个快乐的人不会看这么多电视），在年纪轻轻的时候就丧失了所有的希望。

当事态发展到这一步，一个有焦虑障碍的人面对这些可怕的念头和感受，可能会形成他们自己的应对机制。他们的应对方式可能顽固而难以挑战，固若金汤。长期来看，几乎所有这些应对方式都没有益处。常见的情况是，它们让人获得短暂的放松，但最终强化了焦虑。对我来说，这些策略包括永远不再回到曾经惊恐发作的地点。我认为这是避免可怕的事情再次发生的明智之举。最终的结果是，我在伦敦的大部分地方设置了一条看不见的警戒线，包括附近的主干道、公园和大多数商店。后来这个范围扩展到飞机上、电梯里、高速公路上、所有距离医院太远的地方，还有地铁上（为此我经常成为派对上的笑料）。我从中获得的短暂安慰是有欺骗性的，因为我很快发现自己陷入了一个困境——不能去任何被大脑定义为“不安全”的地方。我已经习惯了这些拙劣的妥协方法，因此，虽然我清楚地知道，自己已经被焦虑控制了多年，但除非这些邪恶的策略彻底控制了我，让我寸步难行，我还是不会主动寻求有效的帮助。

如果有一种刺激能让你努力改变一些事情，那就是你的婚姻在一年之内解体引发的震惊。考虑到英国离婚人士的婚姻平均存续时间是 11 年半，像我这样迅速推翻结婚誓言的情况实在是令人惊叹。我的离婚可能确实令人遗憾并有一定的必然性，或是符合“年轻人做什么事都不再持之以恒”的论断，但是，一段婚姻只持续了 8 个月，这也太离谱了吧？如果事到如今我还不对自己的人生做丝毫反省，那就太不明智了。

即使没有婚姻破裂造成的额外痛苦，我也知道，我已经到达了人生的关键节点。长久以来，我一直在回避一切令我恐惧的事物，以至于我的世界收缩成了一个点，我觉得自己快窒息了。尽管我一直谨慎地管理自己，采取各种预防措施（运用疯狂的非理性思维，试图控制一切——就像我说过的，我总是派对上的笑料），最坏的事情还是发生了。我从儿童时期就开始建设的防御体系没能保护我免受伤害和羞辱。事实上，这些防御手段在很大程度上促使了伤害和羞辱的发生。

丈夫离开后，我像胎儿一样蜷缩在地板上，是妹妹强行将我拉了起来。此后的几天，我一直在哭泣、喝酒。原谅我无法描述细节——我实在记不清当时发生过什么了。感谢大脑忘记了那一切，它很少像这样真心为我服务过。当然，在那期间，我一定与人说过话，也曾睡觉和吃饭，但我唯一能记起的是，我看了整季《权力的游戏》。为此我妹妹很生气，她抱怨我竟然没有叫上她一起疯狂追剧。

我只请了一天假，然后就继续上班了。我一次次跑到厕所里哭泣（我丈夫也在这家公司上班，好玩吧），其余时间在办公桌前坐着，沉默不语。每当我看到他从我身边走过，就在耳机里播放风笛乐曲，这是我获得勇气的奇怪方法。顺便说一句，这个方法异常有效。如果有谁希望感到自己更加强大，我建议你这样做。

你可以从《高地上的少年》（*Highland Laddie*）这一首听起。

我觉得自己陷入了困境。一方面，我意识到我必须忍受这些痛苦和艰难的情绪，另一方面，我担心我的心境可能永远不会好转了。无论自己的世界多么支离破碎，周遭的生活还在继续。我知道正常生活的样貌，但我不想那样过。虽然我回归了工作状态，但我怀疑，几个月后，即使我从婚姻破碎的打击中恢复过来，也会继续封闭在狭小的自我中，与焦虑和抑郁为伴。

表现得若无其事并不难，哪怕你患上了精神疾病，感到身心即将耗竭。即使在我最痛苦的时候，我依然会很好地完成工作，我跟人开玩笑，经常外出，避免被别人被视作孤家寡人。很多人都精于此道，以至于连自己都骗了。我可能会永远过着这种"半真实"的生活，假装自己没有问题。事实上，很久以来，我都是这么做的，为此我已精疲力竭。

我看到自己像个胆小鬼——一个怯懦的孩童伪装成大人的样子，却没有承担起成年人应负的责任。J.K. 罗琳（J.K. Rowling）说，她在人生的谷底重建了自我——因为最恐惧的事情已经发生了，除了勇敢站起来，别无选择。[1] 因为这话是罗琳说的，所以我才听得进去，并且勉强承认她说的确实有道理。罗琳创造了一个巫师的魔法世界，这让她变成了世界上最富有的女人之一。而我，在人生谷底，有了跑步的冲动。

过了一周的单身生活后，我有了跑步的想法。《麦田里的守望者》（*The Catcher in the Rye*）[2] 中有一个情节，霍尔顿·考尔菲德（Holden Caulfield）在学校的操场上奔跑起来，他说："我不知道我为什么而跑——我猜我只是想跑。"也许我已经受够了极度糟糕的感觉，也许我知道自己必须尝试着做一些不同的事，但在那一天，我只是单纯地想跑步。

我仍然不知道，为何我会在人生的至暗时刻选择跑步这一工具。此前我从来没有做过任何剧烈运动，相反，我一直在压抑逃跑的需要——从我的思想和负面念头中，从不断积累和强化的忧虑中。这些忧虑层层堆叠，越发沉重，让我难以摆脱。也许突然出现的跑步冲动象征着身体想要从头脑的囚笼中逃开。我想，我是真的想要跑起来了。

另一方面，我急于摆脱暴饮暴食这种应对离婚遭遇的刻板模式——我总是渴望获得快速的修复。我希望那些坏情绪和心碎的感觉赶快消失。毕竟，离婚永远是尝试新事物的好时机。对我来说，还可以借此机会顺便与困扰了我一生的恐惧分手。我真的有种迫不及待的感觉。我快 30 岁了，我怕离婚会变成另一个借口，让我退缩，让我更加封闭自己，惧怕面对真实的生活。

我完全没有做好去运动场上跑步的准备。对超市的极度恐惧打消了一切此类宏伟的念头。我也没有像电影中那样，在大草原或倾盆大雨中奔跑。事实上，我都没有意识到自己在做什么。而且我很快开始质疑，我是不是陷入了妄想——我竟然想跑步，这实在是一件奇怪的事。不过，在自我质疑中，我仍然拿起了钥匙，穿上了运动鞋。

我穿了一条旧运动裤，一件 T 恤衫，花了 30 秒钟从我的公寓走到一条黑暗的小巷。这里符合两条重要标准：第一，离家很近，足够安全；第二，足够僻静，没有人会嘲笑我。我感到很荒谬，而且有些小小的羞愧——就好像我在做一些不正当的、不能见人的事情。幸运的是，这里唯一的活物是一只猫，在我蓄积能量跑动起来的时候，它轻蔑地盯着我看。那只猫没有立即消失，我很感激它；然而，只要发现有人走近，我就会立刻停下来。这种自我惩罚太过野蛮，我实在不想被陌生人看到。

我戴着耳机，搜寻合适的音乐。我听到烂泥巴乐队（Puddle of Mudd）的一首歌，《她恨死我了》（*She Fucking Hates Me*）。这首歌不是我平时的口味，但我不想听到任何会让我哭泣的歌曲（几乎什么歌都能让我哭起来），而这首歌的歌词非常愤怒，正好满足我的要求。这首歌的时长是 3 分 31 秒，那句“她恨死我了”重复了无数次。我觉得我跑了大概 30 秒钟，然后就不得不停下来。我气喘如牛，肺部好像被灼烧。但那首歌激发了我的肾上腺素，于是我休息了一会儿，又开始跑了。在这条小路上，我一边面目狰狞、步履蹒跚地跑步，一边随着怒吼的歌者哼唱。就这样，我竟然分阶段跑完了三分钟（每阶段三分钟，几乎是一首歌的长度！），然后才打道回府。我感觉好一些了吗？没有。我享受这个过程吗？并不。但在这 15 分钟里，至少我没有哭泣，这对我来说已经足够好了。

让我惊讶的是，我并没有就此放弃。我想要跑步，这种感觉相当可怕。但我内心有一股力量，推翻了所有的借口。第二天，我又回到这条小巷。第三天，我也来了。最初的几次尝试都很可悲。我跑几秒钟，走几步，停下来。等一会儿。再次跑起来。如果黑暗中有人出现，我会立即僵住，一动不动。这种感觉很滑稽。但无论如何，我继续跑了下去——总是在黑暗中，总是秘密地，好像在做什么违法乱纪的事。

我不知道自己在做什么，也不知道我希望从这个过程中得到什么。结果是，在接下来的几个星期里，我变得野心勃勃，却又时不时地遭遇一些小灾小难。我经历了胫骨疼痛，疼得要命；我试图跑上山顶，但事实证明我无法战胜高山，我必须接受失败，坐上了一辆公交车；我在附近公园里跑步，忽然发现太阳已经下山，而黑暗的公园里只剩我一个人了，于是，我又经历了一次惊恐发作；我摔倒了，哭得像个孩子。跑步就像一种陌生的语言，不只是因为我特别不适合这项运动，还因为，跑步好像是属于健康快乐的普通人的运动，而不属于对一切感到恐慌的神经质的烟民。

在我的一生中，如果做什么事情不能一次成功，我通常会马上放弃。很明显，我跑得真不怎么样，而且看不到进步。但是，即使在心里默默怀疑自己，我还是继续跑下去了。我在黑暗的小巷里跌跌撞撞地跑了两个星期。最后，虽然恐惧和呼吸急促的感觉还在，但更明显的感觉变成了厌倦，这时候，我跑得已经稍微远了一些。在最初的几个月里，我坚持在离家最近的路上跑步——我的大脑总是在搜寻逃跑的途径，我在安静的街上绕圈子，只要有汽车经过，我立刻畏缩不前。我跑得很慢，伤心又愤怒。但是，有两件事开始变得清晰。第一件事是，当我跑步的时候，我的悲伤减轻了。我的思绪会平静下来——大脑的某一部分似乎停止工作了。或者说，至少在跑步的几分钟里，大脑放弃了控制。我不会再想到我的婚姻，想到我需要对婚姻失败负什么责任。我不会在头脑中胡思乱想，猜测我的丈夫是否高兴，他会不会已经开始与别人约会，他是不是根本没有再想起我。对我来说，这是巨大的放松。第二件事更有价值，我发现我不再那么焦虑了。不久，我跑到了这些年不曾去过的城区，特别是那些我没有独自去过的地方。我说的可不是熙熙攘攘的写字楼聚集区。我的意思是，经过了一个月，我终于可以跑步经过坎登市场而没有觉得自己将要晕倒或崩溃。如果只是步行，我绝对做不到——我尝试过很多次，但每次都会焦虑爆发，手心出汗，陷入恐慌状态。但不知为何，跑步与步行不同。从前，大脑剥夺了你像普通人那样日常出行的机会，现在，你竟能安然穿过一条售卖印着“没人知道我是同性恋”字样T恤的通道。这种感觉真是棒极了。我把注意力放在双脚叩击地面的节奏上，于是，我不再过度关注自己的呼吸、周围的人群，以及离开家的距离。我可以跑到从前被大脑定义为“不安全区域”

的地方，而且没有感到自己即将晕倒。这对我来说简直是奇迹。

乔伊斯·卡罗尔·奥茨（Joyce Carol Oates）曾经描述过跑步对写作的助益。她认为跑步可以使得“思维与身体一起飞翔”[3]。我对这句话的理解是，你的身体会带动大脑跑起来。你的大脑思维不再处于主导地位。你集中注意力去感受大腿脂肪的燃烧，双臂的摆动。你注意到你的心跳，感觉到汗液流进耳朵，身体随着前进的步伐扭动。一旦找到节奏，你开始注意路上的障碍和需要避开的人。你仔细看清从未注意过的建筑细节。你会预测未来的天气。你的大脑要做这么多事，以至于无法分心扮演从前通常扮演的角色。过去，我的大脑总是用无穷无尽的“如果……怎么办”的想法来恐吓我，或是通过不断在脑海中重现最糟糕的经历来折磨我。而在我快速运动的时候，大脑无法集中精力这样做了。我在捉弄大脑，令它精疲力竭。或者也可以说，我只是给大脑找了一些需要处理的新任务。

科学家进行了许多研究，希望了解为什么跑步可以如此有效地放空头脑。我对此喜闻乐见，因为我想确切地搞清楚，为什么跑步可以改变我的生活。但诚实地说，最让我高兴的是，跑步实实在在改变了我的生活。在一项对轻度认知障碍患者和老年人的研究中，科学家发现，运动后大脑额叶的某个区域变得更加活跃，这个区域与聚焦和专注能力有关。[4, 5] 另有针对动物的研究表明，运动促使大脑产生新的神经元——在海马体中发现的一些细胞，它们与记忆和学习能力有关。[6] 这些都是有趣的发现，但对我来说，这些研究都没有充分解释清楚运动带给我的那份冲动——所谓的跑步者的兴奋，而这才是我们大多数人感兴趣的地方。（药物上瘾者可能会质疑，跑步带来的体验能否与药物带来的那种，呃，让人"愉悦"的体验相提并论。）对于我们这些在抑郁或焦虑中长期痛苦挣扎的人来说，每天做一个小时左右充满活力的运动来修复压抑和悲伤的头脑，是一种充满诱惑的方法。这很容易让人理解。

于是，我尝试去跑步。在婚姻破裂的前几个星期里，我仍然不愿接受现实。上班时，我总会到厕所里默默哭泣。回到家，我立即穿上睡衣，茫然地盯着电视画面，什么都看。如果我出门约会，我会在喝酒之后再次哭泣（让朋友们高兴的是，现在我的哭声小多了）。但当我跑步的时候，这一切都被抛于脑后。没有人会向我点头表示同情（这太可怕了），或是给我一个徒增烦恼的拥抱。跑步的时候，甚至没有人会看我。我融化在城市中，我是一个穿着耐克运动鞋的平凡的跑步者。而在家里，我会感到彻底的绝望。我像一只海星那样趴着睡觉，因为我不愿面对早上醒来一翻身发现身边空无一人的痛苦。这个场景会让我感到我已经丧失了一切。但当我早上出门跑步的时候，我不会有孤独感。没过多久，我就开始给自己设置一些小小的挑战——今天多跑两分钟，明天跑到几年来都不敢涉足的热闹马路上。我尝试得越多，就越发意识到，我正在重新发现我居住的城市。从前，我竟然根本不了解她——

在我的想象中，这里一直充满危险。我跑过霍洛威路，观望褪色的旧建筑的屋顶，这些建筑下面有便利店和超市。我看到铁路线像动脉一样绕过高楼大厦，又消失不见。我沿着运河跑步，发现一片灌木丛，身边有野花和游泳的小鸭子。我没有惊恐发作，也没有产生一次逃走的冲动。我可以控制双脚，我在有目的地奔跑，而不是逃跑。这是我第一次打开自己接受外界的新鲜信息，同时大脑没有尖叫着发出警报。

如果说跑步的时候我觉得自己像个孩子，可能有点太过夸张。但跑步确实带给我一种只属于年轻人的轻松和任性的感觉。（喝醉酒的人也是轻松和任性的，但我希望孩子们不要体验酗酒者事后的追悔。）这没什么奇怪的。我们从小就被鼓励去跳绳、跳高、跳舞、跑步，以及参加团队体育运动。路易莎·梅·奥尔科特（Louisa May Alcott）写道："积极运动一直是我的乐趣，我从六岁开始就在公园里不停地转呼啦圈，一直到后来，我为了在夜间参加派对，花了 5 小时跑了 20 英里①。我总觉得，我的前世一定是一头鹿或者一匹马，因为奔跑让我如此快乐。"[7] 我们直觉地知道，年轻人需要使用他们的身体，不仅仅是为了身体健康。英国的相关研究比较有限，而且通常是横向研究。但有一项很好的针对儿童

① 1 英里约为 1.61 千米。——编者注

与运动的研究对调查结果发表评论：调查结果表明，对比被评估为积极运动的儿童，933名被评估为不积极运动的儿童（年龄范围在8岁到12岁），以及达不到相关健康标准的儿童，表现出抑郁症状的风险更高。[8]科学家通过临床试验观察了13岁至17岁青少年的运动情况以及运动对青少年抑郁症状的影响，对这一临床试验的分析似乎表明，运动是一种有效的治疗策略。[9]

我在童年时代从来没有机会学习这些方法。如果说一切都是焦虑造成的，那就太简单化了，尽管焦虑肯定是原因之一。我胖乎乎的，不受同学欢迎，把体育运动看作一场可怕的人气竞赛。上小学后，我希望情况有所改观，但在小学里，体育运动的类型也是由性别决定的。你几乎从来看不到女孩们在足球场上奔跑。人们喜闻乐见的场面是，男孩们在足球场上狂奔，释放他们的能量，与此同时，女孩子们围坐在球场边旁观。类似的性别差异仍然非常显著——一项2013年的研究表明，英国一半7岁儿童运动量不足，而研究发现的最令人担忧的一个结果是，男孩和女孩的运动情况有巨大差异。[10]该项研究的主要作者卡罗尔·德萨特（Carol Dezateux）根据他们的发现提出质疑："男孩和女孩的运动水平差距巨大。我们真的需要思考，如何帮助女孩增加运动量……学校操场是一个重要的起点。你经常会发现，操场被踢足球的男孩子们占领了。"

儿童上小学以后，运动率降低了40%多。[11]对我个人来说，直到进入中学，这种下降也没有停止。在中学，我们被领到一片潮湿的场地去打曲棍球（我告诉你，这项运动也是根据性别决定的，除此之外女生只能选择无挡板篮球）。我不可避免地成为最后一个被选中的选手，而且我会尽量站得远远的，跟运动的众人保持距离。再长大一些，我们可选的运动变成在附近的公园里独自散步，或者做一些有氧运动。考虑到公园里有很多男生和吸烟的人，你猜我还能去哪里？

《女性运动》（*Women in Sport*）杂志最近针对女孩和男孩的运动水平进行了一项研究，他们发现，在 14 岁的女孩中，只有 12% 的人在一周中有足够的运动量。[12, 13] 尽管这个数字令人沮丧，但在 15 岁的女孩中，有 76% 的人表示她们希望进行更多体育运动，只是苦于找不到适合她们的运动场地。另一个原因是（在我看来这个原因更令人伤感），她们认为运动“不够女性化”，于是不愿参加体育运动。我清晰地记得那种感受——觉得运动是不体面或不优雅的。运动会让人流汗，发出吼声，脸部愤怒扭曲，而且结果可能会让人丢面子。而所有的青少年都会聪明地（抑或是本能地？）避免这种情景，对他们来说，丢面子就像瘟疫一般可怕。

随着儿童告别全日制教育，运动率可能会进一步下降。当然，一些人会花时间跑步或健身，但是这变得更难了。如果你进入大学，会有很多课业负担，还有特别有趣的化装舞会要参加，以至于你几乎没有时间去运动。人们经常伤感地讨论一个话题——15

岁的“新鲜人”会在入学的第一年变胖。这话虽是老生常谈，但很准确，并且与我的经历完全吻合。在学校里，所谓的运动就是睡到中午以后才起床，接着，也许走到附近商店里买一些烟和薯片。这对一个学生来说，是相当正常的经历。不幸的是，人们都知道，这一年龄段是某些严重焦虑障碍的高发期——例如，强迫症（OCD）通常出现在 20 岁以前。[14] 在年龄更小的孩子身上，也会出现焦虑障碍的各种症状（甚至有 7 岁的孩子表现出恐惧症症状），但成年早期是出现比较严重及非常严重的焦虑和抑郁症状的高危时期。任何人都不该对此感到惊讶——毕竟，在这一时期，严格的学校教育和家庭管理退位，而你有生以来第一次要对自己的人生负责。面对新的人生责任，有些人发展得很好，但很多人陷入了困境，比如我。

我从中学毕业的时候，童年的大部分忧虑都处于潜伏状态。在大学里，有一天我在操场上不小心摔倒了，毫无征兆地，我经历了一次惊恐发作。我担心这种感觉会再次出现，对此我毫无准备。我选择了惯用的鸵鸟政策，试图忽略这件事。我没有追究惊恐发作的原因，一味地避免想起跟它相关的一切。然而，在极短时间内，恐慌加剧的感觉越发强烈，不到两周，我就出现了一种新的症状：解离（disassociation，心理学名词，也可翻译为分裂、解体）。这种症状比我从前经历过的一切症状都更可怕。焦虑的聪明之处（这不是恭维）在于，当你出现了一种症状（夜间盗汗，惊恐发作，眩晕，恶心，头痛——你可以继续补充），它马上会再为你增加一种。你最好相信，新的症状会更糟糕。

解离又称现实感解体（derealisation）。当它发生时，你会突然觉得世界不真实了。事实上，我觉得我没有表达出这种症状令人心惊肉跳的可怕之处。当你处于解离状态时，不仅世界看起来不再真实，连你最爱的人看起来也像是假的。你的家看上去像是电影布景，你的狗看起来是扁平的，镜子里你的脸好像不是你的脸。你看到的一切事物都像是表演，是虚假的，是——没有生气的。后来我了解到，精神病学家认为，当你的大脑因忧虑而疲惫不堪时，就会产生这种感觉——大脑被迫停止运作（在某种程度上）。所以，解离实际上是大脑自我保护的一种方式，但是对我来说，这有点像你的老公和你的闺密上床，然后他真诚地跟你解释说，他们只是为了帮助你。我无论如何不会感激这种帮助。

后来我一直在问自己，如果那时候我就开始跑步，是否能摆脱这些糟糕的感觉？跑步是一件太简单的事，即使我只是轻微地暗示“跑步可以治愈心理疾病”，也可能是一种冒犯和不负责任的举动。跑步并不是严重精神疾病或其他精神疾病的灵丹妙药。早早承认这一点是对的。但我经常会想，如果我在 20 岁的时候，就开始尝试不同的方法就好了，就像我的许多朋友在遇到困难时所做的那样。人们说，20 多岁的人勇于尝试，有很多乐趣，可以享受生活带来的一切……相反，我认为，对许多人来说，这个年龄段有着强烈的不安全感，常常肩负债务、流离失所——从 20 岁到 30 岁，是充满忧虑和恐惧的十年。在这种情况下，我辍学了，去看精神科医生，开始服用抗抑郁药物，我的病情很快得到了控制。我还能做什么？在那段时间，自杀的念头潜入大脑。即使透过极不真实的心理滤镜，我也能分辨出，这些想法只会把我带入我不愿想象的深渊。

尽管如此，我已经是非常幸运的了——意识到这一点是如此重要。我的父母虽然完全不理解他们的女儿为何会歇斯底里地哭泣，拒绝外出，但他们有能力支持我寻求专业人士的帮助。在 2015 年的一项调查中，78% 的学生自诉有心理健康问题，其中 33% 的学生曾经有过自杀念头。[15] 我的 NHS（National Health Service，英国国家医疗服务体系）社区医生很善良，但他也只能把我排在候诊名单上，我需要等待 6 个月才能接受治疗。目前，超过 1/10 的人需要等待超过一年时间，才能接受任何形式的谈话治疗。同样有 1/10 的人必须自行负担心理治疗的费用。现在，一些大学为表现出抑郁和焦虑症状的学生提供运动课程（配合一般谈话治疗）。这是一个令人鼓舞的信号，心理健康领域的专家持续努力，将身体锻炼和心理状况以某种我们未曾充分探明的方式结合在一起工作。

事实证明，跑步这类运动的作用不止于缓解抑郁和焦虑。就在你读这本书的时候，你可能会体验到一种类似于孤立无援的感觉：你可能会感到孤独。我们日益认识到，孤独感对我们的心理和身体健康有着巨大的影响，然而，有很多人仍然不愿承认这一点。孤独带来的羞耻感可能会让我们感到悲观，觉得自己不讨人喜欢、不够好，而且似乎没有解决的办法。人们经常说，孤独的人生是艰难的。确实如此，有时候，独自跑步也很难。这可能是 Parkrun（一个跑步组织）在英国大受欢迎的原因。每星期，在遍布全国的 414 个公园里（这个组织分布在世界范围内的 14 个国家），人们一大早聚集在一起慢跑。[16] 虽然我经常需要独自跑步，但是，最好的跑步路线都是我和我的姐妹、前男友以及一些新认识的朋友一起跑步时发现的。在那些路线上，我们拖着脚步跑动起来，在互相鼓励中逐渐变得熟悉。跑步的时候气喘吁吁，汗流满面，你根本不能化妆。如果有人跟你一起素面朝天并肩跑步，你们之间就会产生令人吃惊的亲密感。

在我写作这本书期间，格拉斯哥卡里多尼亚大学（Glasgow Caledonian University）对 8 000 多人进行了一项调查，研究跑步是否让人们感到更快乐。他们选用《牛津幸福感问卷》作为调查问卷，请调查对象为自己的幸福感打分，1 分表示不快乐，6 分表示极度快乐。Parkrun 项目的参与者作答的平均分值是 4.4 分，普通调查对象作答的平均分值是 4 分。[17] 与他人一起跑步的团结感提升了人们的幸福感，他们表示，在共同跑步的过程中体验到的支持性和社交价值是无价的。

莎拉在生下第一个孩子后得了产后抑郁症。她告诉我，和朋友一起跑步给她黑暗的生活带来了一丝光明。当她自己懒得动弹的时候，有人会强拉着她出门，鼓励她继续跑下去。

“我是个独行侠，也可以说是个隐士，因此我真的喜欢独自跑步，并且从中获益良多。但同时我也知道，有一个持续推动我（用一种正面的方式）跑步的朋友，很可能是我走出那段痛苦时光的关键。”她说，“虽然最终我可能是靠自己完成的，但她确实加速了事情的进展。而且，与他人建立有意义的联结一定是保持心理健康的重要因素。我总是感到，身体的运动对我来说非常重要，因为我有点对生理感觉上瘾，但是事实上我现在意识到，如果没有那位重要的朋友，我可能不会坚持这么久！”

在我写这本书的过程中，许多人在与我交谈的过程中谈起跑步在社交方面的重要意义。与一个搭档、一个朋友，或者仅仅是偶然遇到的陌生人一起跑步，都可以缓解心理问题造成的孤立感。即使独自一人跑步，你也会与周围的世界发生联系。当你很多天都不曾与人说话时，你会发现跑步能大大减轻孤独感。

运动不仅对抑郁和焦虑有影响，还有一些惊人的临床试验研究表明，有氧运动可以改善精神分裂患者的病情。曼彻斯特大学2016年的一项研究报告表明，进行体育锻炼的精神病患者症状减轻了27%。[18] 在美国对患有创伤后应激障碍（PTSD）的退伍军人进行的初步试验也发现，锻炼可以减少恐惧，同时减轻躯体症状。当然，所有这些结果并不否认治疗、药物和其他支持体系的必要性，但它们带来了希望：也许我们还有更多自助的方法。

服用药物确实有效果，我可以看着镜子而不会再想：镜子里那个盯着我看的该死的家伙是谁。我找到了一份工作，又可以出门了。（与此同时我总是在寻找消防通道。）另外，我也可以应付一些人际关系。在最基本的功能上，我得到了“修补”。虽然其他方面没有改善，但我不会再盯着墙壁，呼吸急促了，因此，我接受了药物治疗。我这么说，并不是为了让你对我平凡的头脑有些微的了解，而是为了表明，当你患有精神疾病时，接受最乏味的生活样貌是多么容易的事。这种感觉就像你在一块很小的画布上作画，还要假装对这块狭小的区域很满意。这根本不是在浪费生命，而是在以各种各样的方式限制生命。你可以勉强感到满意，但这也会让人感觉生命力受限，这是一种妥协，为此你要牺牲很多。因此，如果有一些方法能让你摆脱这种状态，你会感到非常奇妙。有些人可能选择药物，有些人可能选择冥想。每当我妈妈感到情绪低落时她会做瑜伽。我的一位同事通过举重来防止抑郁。一位朋友在怒火冲天时去练拳击，拳击可以帮助他控制愤怒的情绪。我认识一个患有严重躁郁症的女孩，每天按时围着附近的公园长跑，通过跑步把发病的可能扼杀在摇篮中。我还认识一个人，当她发现内心又出现了熟悉的焦虑感时，她就在胸前画十字。在过去的十年里，我一直都在为应付最基本的生活而努力。现在，不经意地，我发现了一个可以让我冲出樊篱的方法：跑步。

我小心翼翼地用脚步去体验附近的街道，这样的自我测试持续了几个月时间。有一天，我决定跑得更远些。我越过了往日严格设立的安全边界，跑到了市中心。我跑向一座横跨泰晤士河的桥，桥上的阳光和空气在召唤我，我头也不回地跑了过去。我又跑过另一座桥，阳光洒在我的皮肤上，令我陶醉，然后我跑进议会广场，那里挤满了普通的游客和小贩，以及鸣着喇叭的汽车。我跑过写字楼聚集区，对那里的噪声、人力车和性用品商店感到惊奇。我就像那个神经质的阿甘，一直跑啊跑啊，直到身体实在坚持不下去了。我停下来，四处漫步。胃部没有难受的感觉，呼吸也没有异样——我甚至完全没有注意到自己的身体。我与周遭环境融为一体并且享受这一切。我感到自己胜利了。我感到……快乐。

当一件事可以让你从痛苦中解脱出来，你很难不对它上瘾。我们都知道，药物和酒精可以使人产生依赖，其实，运动也会有同样的效果。那天在伦敦市中心奔跑时我体验到的感觉如此愉快，以至于我很难放弃那种感觉，哪怕只是暂时的。一旦你发现跑步让你变得更正常了，为什么不更进一步呢？毕竟，运动是有益健康的——医生一直告诫我们要多做运动；媒体，以及现在越来越多的Instagram（照片墙）网红和播客也在孜孜不倦地强调清洁饮食和加强运动的重要性。然而，对于那些正在寻找人生的“拐杖”，渴望走出迷茫的人来说，运动虽然可以赋予你力量，但它也可能快速地掌控你。虽然关于运动上瘾的研究比较少，但 2012 年的一项研究发现，在健身房锻炼的运动者中有 3% 的人表现出上瘾症状。另一项研究表明，在业余跑步者中，有超过 25% 的人表现出上瘾症状。[19] 当某些对你有益的习惯开始掌控你的生活，你是很难觉察的。

究竟怎样才算过头，每个人都有自己的衡量标准。但我的标准包括：你是否会为了避免在一场大型锻炼前发生宿醉而拒绝一次晚间约会？你是否从来不跟同事一起吃午餐，因为你要用这段时间跑步？如果周末需要参加一场婚礼，而这有可能使你错过一堂健身课，你是否会感到恐慌？虽然不愿承认，但我至少会对以上的两个问题给出肯定的回答。（拜托，即使宿醉，我也绝对会坚持跑步）因为有时候，跑步确实令我痴迷。我发现，当焦虑引发的惊恐发作、非理性思维和其他所有症状（有超过一百种症状，你可以说出更多来打败我）都消失不见时，那种狂喜的感觉让人留恋不已。于是你很容易拒绝别的事情。在网络上，你会很快发现这样的故事不计其数：生活中人们为了坚持运动习惯而做出真实的牺牲——他们一天出门运动三次，有些人会为错过一次骑行或游泳而发狂。然而，他们却感到身心疲惫，而不是满足。这与他们的初衷背道而驰。跑步可以让我体验到生活的真实感，找到新的朋友，拥有新的体验，甚至去冒险。它可以很好地改善不良的生活状态，但它永远不该成为生活的全部。

如果你的前半生充满各种恐惧，一旦你发现自己找到了一种平衡生活的工具，你就会拼命留住这种工具。任何惊恐发作的常见征兆或是短短一瞬的末日感都会让你再次跌入深渊——你担心自己会被打回原形，无法超脱。在这种时刻，我会遵循日常规律——一天跑步两次，努力推动自己。这时候我是讨厌跑步的。我觉得自己就像一只自愿登上一个新跑轮的仓鼠，跑着跑着发现自己下不来了。如果不是又一次经历了灾难性的事件，我可能会持续处于这种状态。我的继母去世了，此时距离我的丈夫离开我不足一年。我爱我的继母，她帮我找到第一份工作，教导我如何做一名成年人。她拥抱过我，也嘲笑过我。当她听到关于我的流言蜚语，也会训斥我。她去世的时候还很年轻，她离开这个世界的时候是愉悦的。除了她，我没有见过任何人在愉悦中离开人世。在她去世后的几天、几个星期里，我们陷入了深深的悲伤。活着的亲人开始意识到，自己究竟丧失了什么。我开始跑步，希望能驱散哀伤，我希望这一防御机制能像过去的九个月里一样有效，让我免于崩溃。毫无疑问，跑步确实有帮助。首先，你会发现，跑步的时候很难哭泣。但在跑步结束的时候，我想你会感到自己就像 20 世纪 90 年代音乐唱片里的人物，穿着炫目的衣服泪流满面地在倾盆大雨中奔跑，释放着心中的悲情。跑步迫使你理解了一个直白的真相：即使你觉得整个世界都崩溃了，它依然照常运转。哪怕你火冒三丈，事实也不会改变。我不是第一个试图通过跑步克服巨大丧失感的人——世界上年龄最大的马拉松选手福贾·辛格（Fauja Singh）已经 107 岁了，但他依然精力充沛。为了克服丧妻丧子之痛，他从 90 多岁开始跑步。

虽然跑步对我有帮助，但巨大的丧亲之痛也让我意识到，跑步是有局限性的。而这正是我需要成长的地方。我不想说丧失至亲有任何积极的意义，它没有。但我确实开始理解，你不该惧怕真实的悲伤，或者试图回避悲伤。直面悲伤并不意味着你又会掉进心理疾病的兔子洞，或是你永远不会恢复。你不能彻底隔离悲伤，但你可以学着识别什么是自然的、有价值的情绪，比如悲伤；什么是不健康的情绪，比如恐慌。我缩减了计划中的跑步任务，允许自己偶尔感到悲伤。在这个过程中，我重新想起最初爱上跑步的原因。

现在我知道了，跑步不是万能的魔力豆。我不能期待跑步可以消除生活中最深切的悲伤。但当我度过了人生的艰难时期后，无意识地，我终于掌握了一种应对技巧。从我发现自己躺在地板上，不知道如何站起来重新面对生活的那天开始，跑步每天都给我以帮助。它将我从自我的囚笼中释放出来，鼓励我走向新的工作岗位，拥有新的体验，获得真正的爱和一种乐观自信的感受：我不再是那个只会焦虑不安的女人。跑步赋予我一个新的身份，在这个崭新的自我的眼中，不再只有危险和恐惧。说我“跑”出了自己的悲剧一点也不过分。跑步改变了我的生活。

2 km

生病与健康

一口气跑完三环道路后，我停了下来，以防惊恐发作。我必须保证自己的安全。我的速度非常慢，一个遛狗的人都能超过我。差不多每跑一分钟我就得停下来，肺部火辣辣的，皮肤疼痛。脑海里有两个声音在争吵，一个声音说："加油，今天跑得比昨天好多了。"另一个声音说："你为什么要这样折磨自己？你真的不擅长跑步。"后者说的最刻薄的一句话是："你明知道，不管怎么跑，你的丈夫都不会再爱你。"这个声音很顽固，它又说："你是个失败者，活该与焦虑为伴，停止无谓的挣扎吧。你活成了这个样子，难道不感到羞愧？"我试图摆脱这些讨厌的念头，但是很难。我的眼神滑稽，胳膊似乎在发抖。我每天都要问自己：我的焦虑症及其他症状更严重了吗？不知道。我只知道我的身体很痛，我觉得自己一无是处。我的大腿很沉重，我觉得紧张。我跑了12分钟后回到家。太艰难了，我不知道我还能不能再跑一次。

这本书不是为了描述一场伟大爱情的消逝。事实上，我已离婚多年，此时再提起这桩旧事简直让人觉得有些虚伪，因为那段婚姻太过短暂，而且事后来看，分明是一次重大失误。多年后再回首，我发现离婚造成的痛苦是短暂的，我甚至不会多想这件事。但这一人生变故带给我的并非百分百的遗憾，因为它迫使我意识到，我必须下定决心面对某些更广大、更重要的人生议题。离婚是催化剂，促使我直面内心的焦虑，因此，在某种意义上，我感谢这次离婚——当然，这是一种非常奇怪的感激之情。事实上，这本书讲述的是一个另类的爱情故事——此处令人心潮澎湃的音乐响起——一个关于爱上自己的故事。

这本书的大部分内容都与“焦虑”有关，因此，我们也许有必要深入探究这个词的含义，了解它到底意味着什么。你在一个无所事事的星期日晚上体验到的忧虑并不是焦虑症。而且这种感觉不是坏事！时不时出现的焦虑感是完全正常的，我们每天都会担心各种各样的事——工作、人际关系、金钱，以及唐纳德·特朗普当选了美国总统……但这些事完全不能与“焦虑症”这个可怕的怪兽相提并论。现今人们谈起焦虑症时不像从前那么尴尬了，这固然是个好现象，但有时我认为这个词的严肃性被淡化了。焦虑不该成为攀比的对象——如果有人告诉你，他感到焦虑，你一定要尊重他的表达，认真倾听；但我也不无担心，焦虑这个词被滥用了。当然，关于焦虑的衡量尺度是有一定弹性的。但我怀疑，如果有人说他们很焦虑，你可能会认为，他们不过是容易思虑过度罢了。为了更诚实地面对我疯狂的恐慌，减少自己的羞耻感，我越来越多地对人们讲起，焦虑症给我造成的影响——过往的恐惧和至今残留的痕迹。然而，也许是因为我还不够坦白，每当我向人们讲述自己的经历时，他们经常只是对我点点头，做个表示理解的手势，或是根本毫无反应。他们轻描淡写的反应总是令我吃惊不已。因为我以为，大部分人只要进入我的大脑里待上一会儿，他们一定会震惊于这里是多么古怪和令人难以忍受。只有与深受焦虑症困扰的人交谈才能获得真正的释放。有一次，一位朋友打电话给我，说她总觉得邻居要来抓她。这种模糊和怪异的想法背后的焦虑是复杂而令人印象深刻的，但我理解她的意思。因为我们都有奇怪和可怕的想法，所以我们能够在彼此面前无所顾忌地表达所有的非理性执念，同时不必害怕被评判。

我想表达的是，焦虑症是复杂的、混乱的、黑暗的。焦虑症不仅仅是惊恐发作或是害怕人多拥挤的地方——这类引发恐惧的情景很容易被普通人理解——焦虑症还包括无穷无尽的执念、可怕的想法、令人身心疲惫的冲动、身体的不适和深深的悲伤。当我们谈论心理疾病的时候，一定要理解它们是多么可怕和怪异，这一点很重要。真正的进步和接纳不能止步于高谈阔论心理疾病的常见名词，或是强调患者康复的故事——真正的理解意味着，可以坦然地谈论心理疾病带来的所有绝望、恐惧和丑陋。作家汉娜·简·帕金森（Hannah Jane Parkinson）非常诚实地描述了自己被双相情感障碍折磨的生活，通过她的文字可以了解她真实的病情。她的描述非常直白，毫无文饰或隐晦之处："我被强行送进医院接受治疗，在一间'心理健康套房'（其实是一间缺氧的小屋，里面有两把椅子）里待了22个小时，等待精神病院为我分配一张床位（最后在病房区外找到了一张床）。后来他们就让我出院了，治疗突然终止，后续没有提供任何适当的心理治疗。"[20]

焦虑症不会消失，它控制着你的生活。在聚会上，在工作中，当你和爱人一起度假时，当你在床上安然躺下时……它日复一日地影响你的生活，跟一般焦虑情绪造成的后果完全不同。如果你因为一场面试而惴惴不安，那么面试结束后，你的紧张情绪就会消失。然而，焦虑症患者的忧虑会像蘑菇云一样膨胀。面试可能会进行得很顺利，但他的忧虑仍将持续、扩大、变异。焦虑的情绪仿佛具有邪恶的力量，能将你控制。躁郁症是英国最常见的心理障碍——有高达7.8%的人口符合诊断标准。[21]

只为特定问题担忧的人也可能会感到非常痛苦，但有焦虑症的人可能会时时刻刻感受到一种模糊的恐惧感和紧张感。想象他们在求职面试成功后不同的反应。正常人可能会有合理的担心：第一天上班会有什么样的体验——与新同事能友好相处吗？能否应对新工作带来的挑战？而有焦虑症状的人则会有很多不正常或非理性的担心：用什么交通工具通勤？如何应对新的规则？会不会在新同事面前摔跤？会不会第一天上班就被解雇？如果在办公室里惊恐发作怎么办？如果发生火灾却找不到安全出口怎么办？如果在外出工作期间家里的狗死了怎么办？（我曾经多次担心这件事。）

我还记得中学入学时的情景，开学第一天，我的担忧尚属正常：能不能交到朋友，功课会不会太难，如何适应新环境。然而，没过几天，我就被各种各样的忧虑淹没。我躺在床上，担心上学路上会有坏事发生，我害怕迟到，害怕不认识任何人，害怕我再也见不到爸爸妈妈（我说过，焦虑会迅速膨胀）。那一年，我每天都哭泣，在绝望中挣扎，我不愿上学，因为学校让我如此恐惧和悲伤。我无法摆脱忧虑，忧虑也不曾随着时间消失。相反，忧虑开始变异，寻找新的目标，它的根系在我的脑海中蔓延。这是我第一次遭遇长期焦虑，也是我人生最痛苦的一段时期。那时我才11岁，不知道自己到底是怎么了。我13岁那年认识的一个好朋友告诉我，她过去常跟她妈妈讲起那年她认识的一个“伤心女孩”。她说的就是我。这个绰号多好啊……

一般的忧虑和焦虑症引发的生理变化也有重要差别。普通的忧虑可能会令你胃部翻腾或手心出汗，但等到压力情景结束，这些症状可能就消失了。而患有焦虑症的人会表现出多种生理症状。我是认真的，焦虑症引发的生理症状有几百种——胸痛、头晕、头痛，以及你从未体验过的感觉。我曾经有过的症状包括单眼抽搐、双腿发抖、耳鸣、脸部滚烫。这些表现也可以用来描述男女约会时的各种反应，你可以随意引用。

在学校里，我经常感到极度恶心。我会头痛、头晕、呼吸困难。我一直认为医生可以解决我的问题，于是申请休学了一段时间。焦虑症引发的躯体症状不断增加，难怪人们总是担心自己得了重病。我在前文提过，焦虑症是很难应付的。你也可以说焦虑症是狡猾的，它可以惟妙惟肖地“模仿”其他疾病的症状。对健康的担忧可能会愈演愈烈——第一次经历惊恐发作的人经常被认为是心脏病发作或中风。接着，人们可能担心自己得了脑瘤、多发性硬化、帕金森病……对健康的焦虑不只是无害的担忧。挪威的一项研究表明，与不为健康感到焦虑的人相比，为健康感到焦虑的人在十年内患心脏病的概率高出 73%。[22] 我们很幸运，对吧？

焦虑症和担忧是不同的“怪兽”——强调这一点很重要。因为如果我们想更好地理解心理健康，减少心理疾病的症状，我们必须了解焦虑症的严重性。正如抑郁症不仅仅是“伤感”，产后抑郁症不仅仅是“婴儿带来的伤感”，焦虑症也并不仅仅是紧张。而且焦虑症真的、真的很常见。最常听说的一个心理健康统计结果是，在所有人之中，有 1/4 的人会在一生中出现心理健康问题。人们自述的心理问题可能会显得抽象而模糊——很多人都不知道焦虑症和抑郁症是最常见的心理疾病。

因此，虽然确实有其他原因可能会引发无穷无尽的忧虑，但对于好几种心理疾病而言，焦虑症是最主要的诱因。我可以列出一长串心理病症，但在此之前，我们先介绍最常见的几种。我不是心理专家，如果你担心自己可能患有以下任何心理病症，一定要去看医生。此外，公益机构 Mind 在心理健康咨询和教育方面也非常出色，你随时可以访问他们的网站。女演员凯莉·费舍尔（Carrie Fisher）在谈到她的双相情感障碍时说："我得到的唯一教训是，必须寻求帮助。这一教训适用于每个人。这不是无足轻重的小病。它不会自行消失。"[23]

先说到这里。下面列举一些最常见的心理障碍。[24]（请注意，世界上最沉闷的鼓声敲响了。）

- 强迫症（obsessive-compulsive disorder，简写为 OCD）
- 恐慌症（panic disorder）
- 恐惧症（phobias）——如广场恐惧症（agoraphobia）或幽闭恐惧症（claustrophobia）
- 社交焦虑障碍（social anxiety disorder），或称社交恐惧症（social phobia）
- 创伤后应激障碍（post-traumatic stress disorder，简写为 PTSD）
- 广泛性焦虑障碍（generalised anxiety disorder，简写为 GAD）

我们先简单讨论一下这些心理病症。

强迫症

首先我要声明，不停地收拾橱柜不算强迫症。澄清这一点很重要。如果再有人轻飘飘地告诉我他们真的是强迫症，原因是他们每天都要把毛巾按照特定方向排成一行，那么，我会亲自到他们家里去，把他们的毛巾叠成一只只造型精美的天鹅，就像豪华酒店里的那样。

尽管强迫症这个词遭到了滥用，但它真的是一种极其严重的心理疾病。据称，在英国，每 100 人中就有 1.2 个人患有强迫症。[25] 强迫症的症状主要体现在两个方面：偏执和强迫。这两种症状都涉及侵入性的、不受欢迎的和令人恐惧的思维。这些思维与凌晨两点你胡思乱想的奇怪念头不同。好比说，在一个星期天的晚上，你突然想起父母对你造成的伤害，并痛恨大脑留下的这种创伤体验——虽然我会同情你，但这不是侵入性思维。侵入性思维牢牢“粘”在你的脑子里。在一个平常的星期二下午，你可能会突然想象你杀了你的孩子，或是你将卧轨自杀，但你没有把这些奇怪的想法归因于大脑出了问题，而是沉溺其中不可自拔。你心中充满恐慌和厌恶情绪，你可能会反复思考这件可怕的事——你是个杀人犯吗？你想杀了你的孩子吗？恐惧让你疲倦，而这个想法越发坚定。在某些情况下，你反复思考，试图摆脱那些想法，却陷入越来越混乱的思维怪圈。如果你认为必须要把鞋子码放整齐就是强迫症的表现，那么，请先试着连续 12 个小时和你疲惫而惊慌失措的大脑争论“你是不是恋童癖”这个问题。

《疯狂的女孩》(*Mad Girl*)是一本关于心理疾病的回忆录，作家布莱尼·戈登(Bryony Gordon)在书中描述了这种执念是如何控制自己的。她害怕细菌。“我太害怕手掌沾上血液，于是尽可能频繁地洗手，讽刺的是，我的手很快被洗得破裂流血了。”[26] 后来，她开始认为她可能谋杀了一个人。强迫症患者的头脑里确实会有如此荒谬的念头。我曾开着车一圈又一圈地绕行环岛，试图甩掉一个人。事实上，后面根本没有人，但我的大脑不相信真相。

如果你没有掉进一个可以摆脱掉那些可怕想法的心理兔子洞里，那么，你可能发展出强迫行为。强迫行为的产生机制可能是这样的：你想象你的家人即将死于一场可怕的事故。你对这个可怕的想法感到恐慌，拼命想阻止事情发生。于是你的头脑跟自己做了交易。只要在你进入房间的时候连续开灯关灯五次，他们就不会死，但绝对不能忘了！哦，你发现错过了一次？好吧，再连续开关五次确保不出问题。而且你可能会再来一遍——就是为了保证万无一失。你不停洗手，直到手掌磨破、流血、开裂。仍然觉得有些事情不对劲？那就再做一遍——如果你做不到，你的家人会死掉。9 岁时，我担心如果我不能正确地关灯，妈妈就会在外出时死掉。但我不知道怎样关灯才算是正确，除非我“感到”正确。这意味着我将在几个小时里不停地开灯关灯。是的，听起来这很愚蠢，但那时候我才9岁，我害怕我的妈妈会死掉。当你患上强迫症时，理性的争论是不起作用的。这就是强迫症的症状。你发现你陷入了一个不可思议的思维迷宫。有时强迫症也被称为多疑症，这是有原因的。

说点轻松的话，我也很欣赏一条挂得很端正的毛巾。

有些强迫症患者虽然没有强迫行为，但非理性的念头在他们的大脑中不断盘旋。马兹（化名）离婚了，他的前妻拥有子女的主要监护权。马兹告诉我，他总觉得孩子们受到了严重的伤害，这些残酷的想法将他淹没。他说:“我能看到孩子们出事的情景，他们出了车祸，在阳台上出了意外，还有其他可怕的情景。孩子们的哭声近在耳边。”如果他找不到前妻，他就会想象孩子们已经死了。他会出现生理上的恐慌，从而导致更多侵入性思维。有时马兹会相信，这些想法是一种预言，或者已经实现，于是他冲过去看孩子们。释怀总是短暂的，因为他只能在当下确认孩子们的安全。（过去我会花几个小时在谷歌上搜索强迫症，试图让自己平静下来。这种行为即使有用，效果也很短暂，实际上，这样做会引发新的恐惧，因为我在强化自己患病的证据。）即使没有强迫行为，持续不断地应付可怕的想法也可能导致疲惫和巨大的痛苦。马兹觉得，当他被偏执的念头抓住时，他变成了一个空荡荡的躯壳：

“我几乎不能自我表达或呼吸，晨光和空气都会令我痛苦，我确信一切都不会善终。”

我了解这种痛苦。有时候，过度思虑可能严重到使大脑发生短路，就像一个老化的唱片播放器被卡住了。你的精神疲惫至极，大脑开始不断重复某些单词、短语和句子。你无法从这个循环中解脱出来，你感到毫无希望。这种情况反过来加重了恐惧，引发躯体症状，继而重新激发偏执性想法。你是否担心我言过其实？我向你保证，由于篇幅所限，我只会把问题说轻了。

恐慌症

恐慌症的特征是患者会经历惊恐发作——一种“战斗或逃跑”反应的极端扭曲状况。“战斗或逃跑”反应是人类的基本反应，当我们感受到恐惧等负面情绪时会被激发。显然，你在遇到危险时感到恐惧是很正常的。人类进化出这种反应模式，是为了在受到威胁的情况下迅速做出反应：战斗或者逃跑。在这种情况下，人体分泌肾上腺素，肾上腺素能让我们跑得更快，更有力量，反应更敏锐。有些人认为，人在危急情景下之所以能爆发出令人惊叹的力量，就是因为肾上腺素的分泌。例如，一位母亲为了解救他的儿子，竟然能把一辆汽车抬起来。这种现象有一个精彩的名字——“歇斯底里的力量”。

然而，当一个人惊恐发作时，周围并没有真实的危险情景。惊恐发作似乎是由错误的警报触发的，随后肾上腺素和皮质醇（肾上腺应对恐惧或压力反应释放的激素，是身体“战斗或逃跑”机制的一部分）开始分泌并作用于我们的身体，即使恐惧过后，我们依然会呼吸急促、眩晕、颤抖。对于发作者而言，对危险的感知是如此真实，以至于他们很难相信周围是安全的。于是，他们侦测到更多攻击性的迹象。

在解释这种恐怖的惊恐发作的一般症状之前，最好先对惊恐发作时的感觉加以描述。我在伦敦北部的芬奇利经历过一次最严重的惊恐发作。我想那是个好地方。当时我 18 岁，在一场暴风雨中开车经过一条主干道。汽车排起长队，不断减速。天降倾盆大雨，马路中央的积水几乎形成一片湖泊。我的心脏开始剧烈跳动，皮肤突然感觉冰冷，与此同时浑身汗如雨下。当我朝着“湖泊”前进时，耳朵里充满白噪声，视野一片模糊。斑点和闪光在我眼前飞过，我无法呼吸。是真的无法呼吸——我一直在喘气，但似乎没有空气进入我的肺部。身体的每一部分都在颤抖，所有的一切都丧失了真实感。我的腿和手臂似乎跟身体分离了，我相信我要死了，就在这辆车里，在这条狂风暴雨的路上。当然，我没有死。我挺过去了。我靠边停车，无法控制地颤抖了大约 20 分钟，一直在哭，然后我回家了。你肯定能料到，多年来我一直避免经过那个路口。

埃莉诺·摩根（Eleanor Morgan）是《初得焦虑症》（*Anxiety*

for Beginners）的作者，她在书中记录了她第一次惊恐发作的经历，她的描述更是发自肺腑。因为第一次发作是最可怕的。当时你会觉得你真的要死了。往后，尽管在生理上接近濒死体验，但理智上你会知道自己不会死。然而，对摩根来说，那可是第一次！当时她在学校上课，以为自己要吐了，于是跑到厕所。但她没有呕吐，厕所的隔间开始绕着她旋转，墙壁好像被扭曲了。

“我的所有感官都失去了真实感——除了死亡，还有什么能解释这种生理和心理的彻底失控？”[27]

就像埃莉诺一样，贝丝的惊恐发作也是从青少年时期开始的。她告诉我，惊恐发作的症状非常可怕，就好像是得了什么重病，一开始就严重影响了生活。“在很长一段时间里，我试图解释我的感受，但人们根本不相信我的话。在惊恐发作之初，所有的症状都与中风吻合，我的胳膊变得异常沉重，浑身麻木刺痛，视力严重下降，身体机能丧失，这种感觉很可怕。我的双腿发软，浑身颤抖、发冷、胃部下坠、头晕目眩——多么‘有趣’的症状。一次惊恐发作足以让我崩溃一整天。发作时太过紧张，以至于症状消失后，我陷入更深的烦恼。我讨厌失控的感觉，因此我试图压制自己。但我的努力从来都没有效果。”

凯瑟琳的第一次惊恐发作也是在学校出现的。确切地说，那是她生活中压力沉重的一个时期，她要准备 GCSE 考试（英国的普通中等教育证书考试）。和大部分患者一样，她最早出现的是严重的躯体症状。“我 16 岁时不知道自己患有焦虑症，也不知道自己正在经历惊恐发作，我的症状是高度躯体化的——心跳剧烈，腿部无力，视力模糊，胃部绞痛，呼吸急促等。”凯瑟琳告诉我，“当我了解了这些症状以及‘战斗或逃跑’反应后，我的身体反应消退了，我的症状变得更加精神化。我在惊恐发作时出现一种紧张感和轻微的视觉模糊，大多数症状都是不受控制的，头脑中的念头飞速盘旋，产生现实解体的感觉。”

患上恐慌症意味着每天都会有几次这样的发作——发作时间可能长达 20 分钟，甚至更长。想象一下，哪怕只是一次发作的痛苦也是令人难以忍受的：身体颤抖、呼吸困难、恶心、胸痛、害怕死亡。等肾上腺素消耗完毕，一切症状突然消失。然后再想象一下，你会尽多大努力逃避这种体验。患有恐慌症的人通常会回避曾经发作的地点，就像我不愿再回到那条马路。而这会导致你的安全范围迅速缩减。表面看来，为了避免再次发作，你的选择是合理的，但事实上，你只是强化了自己的恐惧——你将恐惧合理化了。一个恐慌症患者不仅生活在对惊恐发作的恐惧中，而且会有越来越多的日常恐惧——这意味着，对他们来说，没有真正安全的地方。

凯瑟琳已经找到了自己惊恐发作的原因。虽然人与人之间各有不同，但我在她的描述中发现了很多与我相同的发作诱因：“感觉失控或感觉对某件事没有了如指掌。例如：进城时没有想好怎样回家，随意改变计划，或是在没有准备的情况下参加大学课程 / 考试。”

“第二个发作诱因似乎与健康相关——我可能会因为担心健康受损而惊恐发作，比如使用抗生素后担心其副作用，或者认为自己接触到了某些过敏原。有时我也会因为害怕突然晕倒而惊恐发作，比如在我饥肠辘辘，或者运动得太累的情况下。”

凯瑟琳仍然时不时受到惊恐发作的侵扰，她采取的行动是尽早寻求帮助。（我在她这个年龄却没有采取同样的行动。）她报名参加了认知行为治疗（cognitive-behavioral therapy，简写为 CBT）课程，当觉得自己即将惊恐发作时，她会采取相应的应对策略：

“在惊恐发作的时刻，我通常采用的应对方法是深呼吸，小口喝水，在心里对自己说：‘没有危险，一切都很好，要保持冷静。’如果惊恐特别强烈，我可能会离开那个场景。但通常我会允许自己留在那个场景中，经历整个过程，以此让自己明白，我害怕的事情不会产生真实的伤害。为了预防发作，我保持着良好的生活方式——睡眠要充足，饮食要健康，补充维生素，经常散步，主要就是让自己保持健康、放松。如果某段时间里我很焦虑，我可以去觉察，我是不是把自己逼得太紧了，是不是应该为自己保留一些时间。”

恐惧症

几乎每个人都害怕一些奇奇怪怪的东西。据英国国家医疗服务体系估算，英国约有 1 000 万人有某种形式的恐惧症。[28] 我妈妈讨厌老鼠。多年来，她甚至都不允许我们在她面前提起“老鼠”这个词。我们只好把老鼠叫作“大耗子”。我妈妈非常强壮、聪明、勇敢，但我亲眼看见她在“大耗子”面前惊慌失措地发出尖叫。几年前，我们一起在乡间散步，突然之间，20 米开外出现了一只老鼠，于是这场散步变成了一场闹剧。“让它走开!”妈妈紧紧抓住我的胳膊，不停地喊叫。然而，我没有帮上忙，因为我控制不住地大笑起来。我不是个好女儿。她可以自己写一本书讲讲这个故事。

恐惧症可能会严重影响正常的生活。我妈妈毕竟很少遇到老鼠，但另一些人可能就没有这么幸运了，他们深陷在恐惧中难以自拔。当感觉到危险的时候，他们可能会极其痛苦——无论危险是不是真实存在的。

恐惧症通常分为两类——特异性恐惧症和复杂型恐惧症。我母亲的情况就是特异性恐惧症。害怕动物很常见，也有人恐高，害怕血液、呕吐物，害怕乘飞机。如果你害怕特定的事物，通常会不顾一切地避开它。如果你害怕巨大的蜘蛛，但你并没有生活在澳大利亚，你可能不会觉得受到太大的限制。但如果你恐惧的对象是无法回避的事物，你会发现你的世界在收缩。我 18 岁的时候，突然开始害怕乘坐飞机。从前我并不害怕，但从那以后，我突然不能上飞机了。我的恐惧非常强烈。我错失了家庭假日的乐趣，错失了和朋友们一起冒险的机会，也不能乘飞机出差。我偶尔乘火车旅行，并假装这种沉闷的旅行方式很有趣，但在内心深处，我觉得自己的处境荒谬，处处受限。只要一想到航空旅行，我就会发抖，我觉得生活受到了严重的限制。

复杂型恐惧症甚至更难克服。复杂型恐惧症通常指广场恐惧症和社交恐惧症。人们通常认为广场恐惧症是对开阔空间的恐惧（沙漠？月球的表面？），但它更常见的症状是，担心在某个地方惊恐发作而无法离开，或是不能随时得到帮助。焦虑症患者经常在寻找明显或隐蔽的逃生出口。这可能意味着，他们会在地铁或拥挤的超市里感到崩溃。这也意味着广场恐惧症患者的出行范围将受到限制。在最坏的情况下，他们只能待在家里——唯一能让他们感到安全的地方。恐惧症发作之前，患者通常有过一次糟糕的经历——被困在电梯里，或者经历了一场事故。该领域的研究者凯文·古尔奈（Kevin Gournay）教授估计，英国约有 1% 的人口患有严重广场恐惧症。[29]

听起来广场恐惧症与幽闭恐惧症有些相似，但它们之间有着微小而重要的差别。幽闭恐惧症是对促狭或封闭空间的极度恐惧。如果患上恐惧症，你会害怕所有难以逃脱、可能导致惊恐发作或焦虑发作的地方。

社交焦虑障碍

社交焦虑障碍又名社交恐惧症。正如抑郁症并不是轻微的伤感，社交焦虑障碍也不是在公司圣诞派对上有点儿害羞。社交焦虑障碍的后果很严重，其症状可能包括：害怕遇到陌生人，害怕在公共场合讲话，担心自己在公众场合出丑，担心在必要的社交活动中惊恐发作。与正常人相比，社交焦虑障碍患者的生活质量较低，他们酗酒、滥用药物和自杀的概率更高。据称，在英国，每100人中约有5人具有不同程度的社交焦虑，其中女性的数量多于男性。[30] 你可能不会感到惊讶，社交焦虑障碍多发于青春期，如果没有外界的帮助，病情很难得到改善。

鲁奇拉告诉我，从她记事起，就一直担心别人对她的看法。这样的忧虑持续了很久，但直到上了大学，她才表现出明显的焦虑情绪。“我会找借口不参加研讨会，一个人藏在厕所里，我的呼吸急促，无法回到教室，因为我怕自己再次惊恐发作。在这样的爆发之前，焦虑症以细微的方式干扰我的生活，比如我会在人群中感到紧张，害怕引人注目——我从来没有意识到，这种情形不对劲，或是需要特别注意。”

鲁奇拉解释说，她从来没有想过自己会得社交焦虑障碍——但是，谁会想到呢？“我是一个非常外向、自信的人。过去，我最爱外出社交，结识新的朋友，因此，患上社交焦虑障碍让我感到困惑。我认为，许多人都有不同形式的社交焦虑，对我来说，焦虑的内容是我在职场得到的评价和我的外表。‘会被别人认真审视’这个想法带给我极大的焦虑，因为我的内心有一个假设，那就是我的面孔看起来太过年轻，我必须弥补年龄的劣势，或是让人们在了解我之前打消对我年龄的疑虑。”

最终，她的焦虑太过严重，以至于她不得不寻求帮助，但这需要时间。“在这段时间里我很少外出，心情极度低落，这种体验对我来说还是第一次。认知行为疗法让我意识到，这种情况很大程度上是由我的恐惧引发的——我害怕自己会在想象中的批判者面前死去或晕倒。这是恐惧症和社交焦虑障碍的混合体。很多年来，我都没有注意到症状的发展，以至于到最后，当我走在人群中，乘坐地铁时，在餐厅点餐时，以及做其他任何事情时，随时都可能惊恐发作。接受认知行为疗法确实对我有帮助，同时我还服用处方药西酞普兰（选择性 5- 羟色胺再摄取抑制剂的一种）。”

我想你现在理解了，社交焦虑障碍绝对不是害羞那么简单。

创伤后应激障碍

《精神疾病诊断和统计手册》（DSM）中有对各种精神健康问题的定义。其中解释道，创伤后应激障碍的触发因素包括经历真实的死亡事件或死亡威胁，遭受严重伤害或性侵犯。无论哪种触发因素造成的创伤，都会对一个人的社会交往、工作能力，以及其他日常功能造成严重的困扰或损害。

人们通常认为，创伤后应激障碍经常发生在战后的士兵身上——在整个美国内战史中一直有“心脏休克”的记录，在第一次世界大战中有“弹震症”（士兵在战争中患上的一种精神疾病）的记录，在第二次世界大战中有“战斗疲劳症”的记录。[31] 但现在人们已经知道，经历过性虐待、暴力和事故、创伤性分娩和灾难的人都有可能出现创伤后应激障碍。创伤后应激障碍的症状包括对袭击或创伤性事件的反复思考、做噩梦、回避与创伤事件相关的想法和情景、丧失安全感、惊恐发作、睡眠困难和注意力集中困难等。英国国家医疗服务体系提供的数据表明，在经历过创伤性事件的人中，1/3 的人会出现创伤后应激障碍。但目前尚不清楚，为什么有一些人会出现症状，而另一些人不会。[32]

创伤后应激障碍患者不仅真实地经历了创伤性事件，他们还可能在闪回中再次回忆起创伤经历。在这种情况下，一个词、一种气味或一些噪声就可能会让患者误以为曾经的伤害再次发生了。可以理解的是，创伤后应激障碍患者往往会想方设法避免任何可能会引发闪回的事情，于是他们选择改变自身习惯或限制自身行动。他们会高度警惕，随时留意危险。他们处在持续的心理压力下，而这会引发巨大的焦虑。

不同类型的创伤后应激障碍拥有各自的定义，以便更准确地反映患者的不同经验。它们包括：

- 迟发型创伤后应激障碍（delayed-onset PTSD 或 delayed

PTSD）。如果症状在经历创伤 6 个月以后出现，可以被描述为“迟发型创伤后应激障碍”。

- 复杂型创伤后应激障碍（complex PTSD）包括慢性和长期的创伤或虐待。例如，如果一个人遭受了多年的家庭暴力，他们的症状可能会被描述为“复杂型创伤后应激障碍”。

就像所有心理疾病一样，患者可能会忍受相关症状长达数年之久，然后才得到确诊。尼古拉在成年后被诊断为创伤后应激障碍，她在十几岁的时候曾经受到父亲的性虐待。当她辞去英国皇家空军的工作，回归普通市民生活之后，她才陷入抑郁情绪中。尽管有机会接受心理咨询，但尼古拉发现她对自己的经历难以启齿，部分原因是她认为一个心理医生不会“对这种经历感同身受”。

很多创伤后应激障碍患者都害怕被羞辱。对于像尼古拉这样遭受过性虐待的人来说，人们对受害者的指责性态度，以及对不被别人信任的担心，都会阻止他们尽早寻求帮助。许多创伤后应激障碍患者同时体验着羞耻感和负罪感。

虽然我也经常处于高度警惕的状态，但幸运的是，我没有经历过真正意义上可怕的创伤后应激障碍。几年前我曾经被人跟踪，咨询师说我可能表现出了一些创伤后应激障碍的症状。（这项服务由受害者支持组织提供。）我认为这不太可能，因为我的问题并没有那么严重，但当时我确实处在高度警惕的状态——每到一个地方，我都会侦测并感知到危险。我反复检查床下，反复开关门锁，测试报警设备，并感到紧张不安——一丝一毫的动静都会让我做好战斗的准备。我的焦虑程度很高，评估量表显示，各项常见症状的分数都达到了 11 分。因此，就像所有焦虑症一样，很难分辨你正在经历的是哪一种心理疾病。如果你正在遭受的痛苦看起来符合创伤后应激障碍的描述，有很多资源可供使用。首先是你的医生；但你也可以访问心理健康慈善机构 Mind、战后应激反应组织（Combat stress，该机构为退伍军人提供心理健康服务）、皇家精神科医师学会（Royal College of Psychiatrists）和英国创伤后应激障碍组织（PTSD UK）。

广泛性焦虑障碍

你好，老朋友！广泛性焦虑障碍的字面意思即体现了这种心理疾病的特征，患者的焦虑感飘忽不定，但其强度超出一般水平，忧虑过度，难以解脱。在英国，每 100 人中有近 6 人表现出广泛性焦虑障碍的症状。[33]《美国精神疾病诊断与统计手册（第五版）》（DSM-5）介绍，症状持续的时长是确诊的重要因素——广泛性焦虑障碍的症状至少要持续 6 个月。这一时间标准是为了区分广泛性焦虑障碍和生活中个别事件引发的忧虑，以及外力无法解决的问题导致的忧虑。广泛性焦虑障碍意味着，即使没有真正的问题你也会感到忧虑，或者你的忧虑程度远超必要的程度。你所忧虑的事件接踵而至，没有终止的时候——遇到任何一件事，你都会做最坏的打算。

这些担忧几乎总是伴随着躯体症状。你可能会体验到濒死感、头痛、失眠症，或者始终感到精疲力竭。对我个人来说，广泛性焦虑障碍带来的“有趣”后果还有：特别容易忘事；做任何事都难以集中精力；针对自己和他人的强烈愤怒。此外还有其他无数症状。直到现在，我偶尔还会在不正规的医疗网站上查询这些症状，这对我来说是一种特别的治疗方式（我是开玩笑的！我这样做是为了可以一一列举我表现出的各种奇奇怪怪的症状）。比起男性，这种心理障碍更常见于女性，而且它是抑郁症的一个诱因，因此需要及时治疗。

许多人都曾写到过现代社会给人造成的压力。英国国家统计局称，2016 年，英国因劳动者患病或受伤而损失了 1.373 亿个工作日，其中有 1/3 的损失是心理健康问题造成的。[34] 在生活中，我们不断被各种各样的忧虑所困扰——金钱的、工作的、家庭的和人际关系的。这是真实存在的问题，活得最轻松的人也会有这方面的忧虑。而广泛性焦虑障碍意味着，你会疯狂地担心这些问题，以及初始问题引发的一系列相关问题。我很容易花几个小时担心金钱问题，关注金钱似乎是理性的，但我的大脑会立即产生一系列联想，接下来我会想到我被人绑架、破产、被债权人追赶。最严重的是，我会突然被各种焦虑的念头淹没，我担心自己的病情，担心是否在工作中冒犯了别人，是否忘记吹灭一支蜡烛，或者也许我会开始想象我得了一种重病。各种忧虑接踵而至，几乎让人绝望。头脑中的忧虑之网以异乎寻常的速度缠结，想要理清头绪，却根本无从下手。

戴维是广泛性焦虑障碍患者，他从记事起就带着焦虑生活。“最严重的时候，焦虑同时引发躯体化症状和情绪问题。身体上的反应是：总是高度紧张，手心出汗，焦躁不安，不能长时间集中精力。如果有什么心事，我会胃疼、心悸、出汗。在心理和情感上，焦虑表现为持续不断的担忧，无休无止的念头——不能理性地理解事物，也无法与不确定性共存。例如，如果不能确定一场工作会议的流程，我将整天为此担心，无法专心做其他事，直到这个问题解决为止。我对一些事情非常恐惧——乘飞机、食物中毒、一般健康问题等。这真的彻底耗尽了我的精力。”

戴维之所以会精疲力竭，是因为他的整个身体都在消耗过量的肾上腺素。广泛性焦虑障碍会极大地刺激肾上腺素分泌。通常，我的默认姿势就是躺在床上打瞌睡。但在我最焦虑的时候，我的能量可与一头年轻的羚羊相比。我的精力极度充沛，可以连续跳上几个小时。但我的感觉糟透了，我会啃咬指甲周围的角质，用脚不停叩击地面，无法在任何事情上专注30秒钟以上。肾上腺素发挥作用的时候如同一股猛烈的巨浪，冲刷海岸，席卷一切。你震惊于它的威力。它冲进你的腹部，推进你的喉咙，告诉你危险正在逼近。在一场真实的危机中，肾上腺素是有益处的，但在没有任何问题的时候，它的影响太可怕了。它带给人的感觉太过真实，以至于难以忽视。所以你会觉得，一定是出了问题。在真正的危机中，肾上腺素（以及它丑陋的姐妹去甲肾上腺素和皮质醇）可能会让你突然之间力大无比，能把一个孩子从着火的建筑中抢救出来。但在焦虑中，你只会感到身体不适——一种浑身出汗、摇摇欲坠、胸口恶心的神经性反应。这形成了一种反馈回路——你感到整个身体都在害怕；而且肾上腺素还可能引起惊恐发作。在激素平息之后，你会寻找理由来解释为什么会发生这样的事情，于是你又开始胡思乱想和强迫性思考。你花很多时间担心再次惊恐发作，而这又导致更多肾上腺素的释放……如此恶性循环下去。

根据我一直以来的体验，广泛性焦虑障碍还有一个让人无法忍受的症状，那是一种末日临头的感觉。我还记得，几年前我和妈妈一起去附近的超市，突然一种世界末日的感觉将我笼罩。商店里物品颜色错乱，周围的每个人看起来都很邪恶和不友好。我可以觉察到我的情绪急转直下，就像《哈利·波特》里的摄魂怪从我的身体里吸走了所有的快乐。当其他人都在购买晚餐的时候，毫无来由地，我感到了一种极度的恐惧。这种末日感可怕得难以置信——你觉得一切总要有个原因，当肾上腺素奔涌的时候，你很难不胡思乱想，只把一切归因于焦虑。身体的每一部分都在告诉你，危险正在逼近。

这种末日感并非生活在21世纪的我和其他广泛性焦虑障碍患者独有。1773年，英国医生乔治·切恩（George Cheyne）在《英国病》（*The English Malady*）一书中写到他自己的焦虑，描述了“恐惧、担忧和战栗”的心情。[35] 他可能没有在附近的英佰瑞超市里发过病，但我们的感觉是一样的。

我描述了焦虑症最常见的一些形式。也许你没有体验过末日感、惊恐发作或怪异的眼部肌肉抽搐，但这并不意味着你没有焦虑症，或者你的经历是不正常的。我可以单独写一本关于各种症状的书，或者写一篇囊括我所经历过的全部疯狂想法和神经官能症的博士论文。我相信没人能通读这篇论文，甚至连我自己也读不下去。我说这些是为了让你放心，即使这些症状都与你的实际体验不符，也不意味着你的焦虑不够严重，或是你的生活比其他患者更轻松。心理健康不是一场“顶级王牌游戏”（我可能暴露年龄了），如果说焦虑曾为我带来任何积极的影响，那就是让我更同情那些跟我一样在生活中挣扎的人们。我们的大脑都出了问题。不要轻视你的问题，或者拿自己的问题与其他人比较。拥有一个充满爱的家庭或是一份体面的工作并不意味着在与精神疾病抗争时必须保持沉默——无论你认为那是多小的问题。你比任何人都更清楚发生在你头脑里的问题，如果遇到问题，去寻求帮助。如果不进行干预，焦虑症通常会加重，无论对你来说那意味着什么。治疗、药物和跑步都减缓了我的病情。你需要的帮助类型可能不一样，但一定要认真、努力地去寻找你需要的帮助。这将是你为自己和爱你的人所能做的最好的事。

焦虑症不是什么新鲜事物。古拉丁文和古希腊文中都曾反复提到恐惧和忧虑。在 17 世纪，牛津学者罗伯特·伯顿（Robert Burton）在《忧郁的解剖》（*The Anatomy of Melancholy*）一书中描述了焦虑症状，他写道："焦虑无法治愈，只能忍受。"[36] 即使现在，这个说法也相当准确。惊恐发作在 18 世纪被称为"泛恐惧症"，我们都听过"忧郁来袭"这种说法。1869 年，美国医生乔治·米勒·比尔德（George Miller Beard）说，在中产阶级中，越来越多人出现神经衰弱症，这个名词的意思是神经无力。[37] 他认为这是现代社会的迅速发展造成的。比尔德，现在咱们再来谈谈社会发展过快的问题吧：现在，你试试在没有一部手机、一张信用卡或一个数学学位的情况下使用一个停车计时器。

西格蒙德·弗洛伊德（Sigmund Freud）写道："焦虑是一个谜题，如果我们能找到谜底，一定会在很大程度上揭示人类整个精神世界的真相。"[38] 他花了很多时间思考这一特殊的心理问题，最初他认为焦虑与出生时受到的创伤有关。后来他认为，焦虑可能与人类内在的死亡本能或某种攻击性有关。他尤其强调婴儿体验到的无助感引发的焦虑——如果没有其他人的照顾，婴儿就无法存活。后来，弗洛伊德又提出了俄狄浦斯情结。对此，我像菲利普·拉金（Philip Larkin，英国现代诗人）一样感到震惊，他竟然没有认为你的焦虑是父母糟糕的教养方式造成的。

尽管这些与焦虑有关的丰富资料早已有之，然而，直到1980年《美国精神疾病诊断与统计手册（第三版）》出版，其中专设一章讨论焦虑障碍，焦虑症才被视作一种独立的心理病症。[39] 这一章的内容涉及恐惧症、社交焦虑障碍、恐慌症、广泛性焦虑障碍、强迫症和创伤后应激障碍。哇哦！我们的病人身份被认可了！很高兴终于能得到一些认可……我想感谢我的家人、我的朋友和我的狗。

为焦虑症设置独立的诊断标准，不将其与其他心理病症混为一谈很重要。（当然，许多心理疾病是有重叠症状的。）与此同时，行之有效的治疗方法也出现了。感谢上帝，在这个时代，我们不仅能获得有效的治疗，而且还不必受到惩罚。在历史上，为了“来个痛快”，心理疾病患者需要忍受各种各样骇人听闻的疗法：颅骨穿孔术（在你的头上钻一个洞以减轻压力），额叶切除手术（切断大脑中的部分神经连接，以缓解某些严重的精神状况），电击疗法（用电流刺激精神病患者的大脑），或把患有癔症的妇女浸在冰水中治疗。历史上有许多关于患有癔症的女性的描述。最早，希波克拉底（Hippocrates）认为癔症是因子宫在腹腔内游走而引起的疾病（子宫游走！简直像一个乐队的名字），后来，英国医生托马斯·西德纳姆（Thomas Sydenham）认为几乎所有女性都被癔症困扰，他写道：“很少有女性完全没有癔症。”[40] 维多利亚时代的人狂热地设法让女性获得性高潮——不管她们是否愿意，以此来消除女性的不快乐或愤怒，或者可以说，他们只是为了让女性成为男性期望中完美顺从的妻子。1864 年至 1889 年间，弗吉尼亚一家精神病院的大门口张贴了病人报告的身体不适的原因。其中包括：懒惰、自负、失恋、“女性疾病”、女性幻想出来的烦恼、嫉妒、痴迷、哮喘、手淫和“坏习惯”。[41] 这些描述的模糊性令人担忧，虽然连诊断标准都没有说明，但看起来却令人难以反驳……

顺便说一句，如果你想阅读更多关于历史上如何治疗女性心理问题的内容，请阅读莉萨·阿皮纳内西（Lisa Appignanesi）所著的《疯狂，邪恶和悲伤》（*Mad, Bad and Sad*）一书。[42] 这本书精彩地阐述了这个主题：至今，人们仍然经常会认为女性与男性相比，在心理上更不健康，或者更“不平衡”。

谈话治疗一般被认为是治疗焦虑症效果最好的方法。许多人认为弗洛伊德是谈话治疗的发明者。他对病人安娜·欧（后来安娜·欧的身份被披露，她是奥地利犹太妇女联盟的创始人贝莎·帕朋罕）的治疗通常被视作精神分析疗法的开端。猜猜弗洛伊德对她做出的诊断是什么？没错，正是癔症。

目前，认知行为疗法被公认为治疗焦虑障碍最有效的方法之一，同时，认知行为疗法也是英国国家医疗服务体系推荐的一种心理治疗方法。[43]20 世纪 60 年代，阿伦·贝克（Aaron Beck）创立了认知行为疗法，这种疗法要求你重新审视自己的思维模式，改变消极行为模式。认知行为疗法对抑郁症、精神分裂症和双相情感障碍的治疗效果也得到了肯定。有证据表明，它对改善慢性疲劳、愤怒问题和睡眠问题也有帮助。过去，曾有一些治疗师热衷于回顾我的早年经历，试图从我过去的经历中挖掘出引发焦虑的关键事件。当停止接受精神分析，尝试接受认知行为疗法的时候，我终于松了一口气。认知行为疗法的治疗师给我布置的第一项任务是家庭作业：一摞纸上面放着一些盒子。我必须在纸上写下我最强大的非理性信念，并且写出如果最坏的情况发生了，我认为会产生什么后果。然后把写下的内容放进盒子里。有时我会在纸上写下这样的内容：

强烈的担忧：如果我听到一些声音并相信那是外星人想绑架我呢？

可能性：可能性很高。

结论：我必须住在精神病院里，再也见不到我的家人了。

治疗师要求我再次写下这份担忧，然后考虑一个更现实的结论：

强烈的担忧：如果我听到一些声音并相信那是外星人想绑架我呢？

可能性：实际上可能性相当低——据估计，2014 年只有 0.7% 的英国人口表现出精神病症状。[44]

结论：虽然我仍有很小的概率会患上精神病，但许多严重心理疾病患者仍然能过着充实的生活，最终被送入精神病院的是极少数人。如果我真的患上精神病，我会安排一个行动计划，并将得到很多支持。

我对这种疗法持怀疑态度——多年来，我一直在应付灾难式的忧虑；仅仅写下我的担忧并试图用语言重构它们，感觉太过简单。但你知道吗？这种方法起作用了。我会写下不同的结论，然后很快抛诸脑后。不久之后，不可避免地，新的更可怕的忧虑冒出来，我的怪异反应一如既往，再次掉进灾难化思维的兔子洞里。然而，很快一些新的信息在心头浮现，它们制止了我的习惯性反应。我想起了我的作业纸，我问自己：是否可以考虑另一个结论？是否可能选择另一种想法？当我觉得必须要控制那些奔腾的念头时，我会时不时地在脑海中重复做那项作业。

认知行为疗法对我来说是有效的，同时也对其他许多有幸接受这一疗法的患者有效。但是，目前英国国家医疗服务体系的候诊时间过长，这意味着人们首先接受的往往是药物治疗。[45] 在写作这本书的过程中，与我交谈过的许多人为了获得有限次数的认知行为治疗会谈仍然排在候诊名单中，他们在等待的过程中会服用药物。治疗焦虑症最常见的处方药是选择性 5- 羟色胺再摄取抑制剂（SSRIs），这种抑制剂被认为能提高大脑中 5- 羟色胺的水平。5- 羟色胺在完成神经递质的功能后通常被细胞重新吸收，选择性 5- 羟色胺再摄取抑制剂通过阻断这种吸收发挥作用，这意味着会有更多的 5- 羟色胺可以在附近的神经细胞之间再次传递信息。医生也可能为你开具去甲肾上腺素再摄取抑制剂（SNRIs），这种抑制剂将提高两种苯二氮卓类（benzodiazepines）的水平，但它们有镇静作用，为了避免上瘾不能长期使用。从个人体验来说，在短时间内这些药物的效果特别明显，但你会发现药效很难持续一整天。然而，你要知道，出于对你负责，医生很可能不会给你开具超过两星期的药量——特别是当你两眼放光，夸赞医生，声称有必要提高药物剂量的时候。所以我通常会用最巧妙的方式来请医生为我开药。

无论服用哪种药物，都要从低剂量开始，并接受医生的监测，观察你是否需要更高的剂量，以及是否出现副作用。不要指望立即得到缓解，通常需要两到四个星期，药效才能彻底发挥。我知道这会让人觉得没完没了，但不要停止服药，也不要放弃希望。

药物对心理疾病的治愈有着至关重要的作用，然而，因心理疾病服药仍然会让人体验到强烈的羞耻感。部分原因是，不需要服药的人很难理解为什么其他人需要服药。这也是一种无知，或者说我们的社会缺乏关于药物真实效用的教育。平心而论，一些媒体使用的标题误导了人们对药物的理解。2017 年底，《每日邮报》称英国人滥用“快乐药片”[46]——如此用词的暗示意义是，服用抗抑郁药物的患者可以通过服药轻松获得治愈，或者说通过服药追求一种快感，而这种快感是根本不存在的。

因此，我们有必要澄清一些疑惑：服用抗抑郁药是否意味着你疯了？（不是的。）意味着你很危险吗？（不是的。）难道药物会让你成为一个无法感受情感的机器人吗？（哈哈，并没有。）即便如此，当打算告知所爱之人我们正在服药的事实时，我们还是会产生羞耻感或者犹豫不决。2011 年的一项研究显示，英国有三分之一的女性在一生中曾服用抗抑郁药物，但其中 18% 的女性不愿告诉家人，10% 的女性不愿告诉她们的伴侣。[47] 当我向我的伴侣坦白过去我服用抗抑郁药物的经历前，我也犹豫不决过，担心他会看不起我。这种担忧太荒谬了，真的。事实上，他没有看不起我，一点也没有。

不去评判接受药物治疗的心理疾病患者非常重要，我想原因不需要过多解释。如果人们认为我们服用选择性 5- 羟色胺再摄取抑制剂就像普通人头痛时服用扑热息痛（对乙酰氨基酚）一样正常，那么，我会热爱这样的世界。在长达几年的时间里，我断断续续地服药、停药，但我不曾告诉任何人，因为我怕他们认为我不正常。我不知道还有别人也在服用抗抑郁药物，我不想跟身边的人有什么不同。我只知道，只有我自己服药。但当我最终告诉人们（逐渐地，小心翼翼地）我服药的事实时，有很多家人和朋友回应说，他们也曾经在人生的某些时刻服用过抗抑郁药物。有些人服用过几个月，有些人服用过几年。有些人坚持永远不会停药。有几个人对我开诚布公的态度感到惊讶，告诫我别让我的雇主知道这件事。这说明人们对服用抗抑郁药物的偏见是真实存在的。

我至今不确定我何时会停药。但就个人而言，我知道，是药物将我从绝望的泥潭里拉出来，让我可以思考死亡和毁灭之外的其他事情。药物并没有消除我的情绪，相反，药物让我在纯粹的痛苦之外体验到了更多的感受。药物给了我一个机会，让我开始思考，真正能给我带来快乐的事情是什么。我不想你失望，但药物并不能让你开心起来，不管唯恐天下不乱的头条新闻如何天花乱坠地渲染药物的效果。它们只能让你不那么伤心欲绝。而且抗抑郁药物不是对每个人都有效，它们还可能引发一些非常严重的副作用。我会在夜间大量出汗（跟一位新伴侣解释这件事既恶心又好笑），而你可能会感到恶心、头晕目眩，或者丧失性欲。但这都不是必然的，你必须自己判断你的耐受程度。不管怎样，不要被那些随意批判抗抑郁药物的人给吓住，因为他们从来没有经历过别人的悲伤和忧虑。他们很幸运，但得病的是你。

一项研究可以让你对此更加确信，2018 年，科学家研究了 21 种抗抑郁药物的有效性 [研究结果发表在《柳叶刀》（*Lancet*）杂志上]，他们发现对于患有严重抑郁障碍的成年人而言，所有参与测试的药物都比安慰剂的效果显著。[48] 但令人遗憾的是，这些数据无法显示特定药物对个体的有效性。这项耗时六年的研究受到许多专家的赞赏，他们预言，这项研究的结果将极大降低人们对抗焦虑和抗抑郁药物的长期误解。

虽然我很幸运地接受了谈话疗法和药物治疗，但我还是没有完全恢复健康。药物使我摆脱了末日感，谈话治疗让我可以更好地审视自己的想法，但我总觉得这两种疗法的作用仅限于此。我有一种感觉，自己只是暂时来到山顶，而每一个从我身边滑下去的人都在向我招手让我下去。（我从来没有滑过雪，看上去很可怕。）这很正常，没有奇迹般的治疗方法，你不能指望凭一种疗法彻底康复。我很高兴能从这两种疗法中获益，而且至今我也非常感激它们引领我来到一个新的领域，让我找到更多自助的资源。它们帮助我获得真正的幸福，不再疲于奔命地应对层出不穷的问题。

这并不是说应对问题是一个糟糕的状态，但那种生活确实非常压抑。当你解决了一个问题时，你感觉很棒，好像跳过了一个巨大的障碍。但随后你发现，前面还有其他障碍等着解决，这着实让人沮丧。这是心理疾病可能带来的另一个小烦恼——无论你恢复到何种程度，成功解决了多少问题，前面总有新的问题需要解决，新的恐惧需要面对。这趟旅程永远不会彻底结束，你始终找不到最终的快乐结局。这是一个漫长的，有时非常缓慢的过程。然而，你一旦开始前进，就会意识到，行动总比什么都不做要好。这并不意味着你不会灰心丧气，但你要始终记得自己的进步。你的进步是属于自己的，虽然我这么说有点像一个煽情的教练。当我意识到，16 年来我第一次没有在地铁上晕倒，我比一位观看自己在戏剧学院的孩子的独奏会的家长更加自豪。这种感受是无法形容的。当我觉得我不如别人勇敢、有能力的时候，我会想起这份感受。这是我小小的进步。

3 km

童年的痛苦

今天，我一直跑了10分钟都没有看计时器。这样的情况还是第一次——通常我会忍不住看一看自己跑了多远（或许更糟糕，看看自己跑得有多近）。10分钟可以算是一个真正的里程碑了——一项实实在在、不容抹杀的成就。从神圣的家中出发，我径直跑了10分钟之久。和往常一样，一开始，我的头脑是抗议的，它质疑跑步的必要性，冒出许多“如果……怎么办”的念头，想方设法拖后腿，试图让我知难而退，打道回府。但当跑到第5分钟时，我就不再在意头脑中的杂念了。我跑到学校门口，看见一群学生挤在一起吃炸鸡；购物的女人们推着大型婴儿车，把我挤到了马路中央。我从大路上跑开，奔向一座小山。我用前脚掌着地，加快脚步，手臂自然地摆动着，似乎在推动我的身体。这时候，我心里很高兴，好像跑步已经成为每日的习惯，连四肢都洋溢着喜悦。我第一次体验到身体各个部分协调统一，仿佛我是一个天生的跑者，而不是一名痛苦的业余爱好者。我一共跑了18分钟，身体感受到了兴奋。

童年时代是充满希望的学习和探索时期，没有成年人的负担。通常，童年时代也是一个人运动量最大的时期。然而，伦敦大学学院（University College London）在 2013 年进行的一项研究发现，英国儿童的运动量是不足的。[49] 而且，重要的是他们还有课业的负担。世界卫生组织建议 5 岁到 17 岁的儿童和青少年每天至少锻炼一个小时，加强心脏和骨骼的力量，促进血液循环，维持健康的体重。2017 年，挪威有一项更深入的研究表明，进行中等到大量运动的 6 岁到 8 岁儿童两年后出现严重抑郁症状的概率更低。[50] 当然，这项研究同样表明，年龄越大的儿童运动量越低。因此，现在你可以买到专门为儿童设计的 Fitbit 运动手环——鼓励儿童每小时走够 250 步。不过我怀疑这个方法对童年的我行不通。

我在童年时期肯定没有达到每小时要求的运动量，甚至一整天的运动时间都不足十五分钟。运动对我来说是能免则免的事。我在很小的时候就意识到自己胖乎乎的，缺乏团队精神，很可能不会被选作足球队或接力赛的成员。出于一种少年人的自负和颇高的自我意识，我决定远离这些运动。在长达几年的时间里，当别人拔河、玩球、做心率测试、游泳和打网球时，我总是坐着。我不会跑着去赶公共汽车。我甚至连追吻游戏也没有玩过（当然，我认为男孩们不会排着队等我去吻他们）。直到很久以后，我才对这一切感到遗憾。

在大部分时间里，我都处于安静状态。我读书，画画，找电视节目看，吃很多东西。我没有练习网球技术，也没赢过任何一场接力赛。我把精力都放在应付日益严重的焦虑问题上。显然我当时不知道自己有焦虑症。我只是无法控制地哭泣，如果妈妈外出，我会觉得外面的世界很危险，妈妈会有可怕的遭遇。我比大部分孩子更虚弱。我会害怕一些根本不可怕的事物——一幅超现实风格的画作、一段音乐、汽车喇叭声。我不想尝试新事物。我的胸口和胃部疼痛。我做噩梦。我对所爱之人的忧虑超出了一个小孩子能承受的限度。

英国国家医疗服务体系估计，英国患焦虑障碍的年轻人有 30 万人，其中只有 2% ~ 5% 是 12 岁以下的儿童。[51] 我是其中之一。多么幸运！

我在 7 岁以前就有过分离焦虑的症状，但关于焦虑最清晰的记忆发生在 7 岁那年，那时，我和妈妈一起去参加一场学校聚会。我们在大排档排队买饭时，我的胸部开始剧烈疼痛。我默不作声地往前走，抓住自己的脖子，试图正常呼吸。我问妈妈我们能不能回家。然而，我们才刚到达目的地，而且表面上我没有任何明显的问题——至少，我无法做出任何适当的解释。最后，我们确实早退了，因为我的痛苦没有缓解。我感到有些怪异和恐惧。即使我才 7 岁，我也知道，只有回到家才能感觉安全。

这个小小的片段只是一个开始，接下来我经历了更多的痛苦。即使如此，我也是在多年后才意识到我当时出了什么问题。

打从我有记忆开始，焦虑便如影随形，多年来如潮涨潮落不曾间断。每当我认为自己找到了应对之道，或是消除了焦虑，它又会雄赳赳气昂昂地回来，带着新的、更可怕的症状将我击败。

12 岁那年，我上了中学，这一改变让我陷入失控状态。我每天以泪洗面，很像那些讨厌新环境、讨厌结交新朋友的小孩子。但我更加严重。我表现出了强迫性抽搐症状——每当有一个不好的或负面的想法,我就会做吞咽动作或眨眼。为了消除对学校的恐惧，我甚至会吐口水，好像这样就可以尽快把不好的感受从身体里吐出去。我不知道这些举动意味着什么，只是觉得必须这样做。它们榨干了我的精力，我记得早上我多次走错公交车站，因为我没有按照正确的方法眨眼睛。我从来没有胜利过，因为头脑总会想出新的方法来捉弄我，让我原形毕露。我如果不眨眼，便会要求自己不能踩到人行道上的缝隙——这些小事使我陷入瘫痪状态。我被人行道搞得困惑不已，想起这件事就觉得好笑。如果我做错了，就会原路返回重走一遍。

这些规则会消耗我几个小时的时间，一半时间用来行动，一半时间用来保密——我非常肯定，我身边的人一定不知道我在做这些事。我也第一次发现我有了“解离”的感觉——当环境变得太复杂，我会从中抽离出来。这成了我最可怕的焦虑症状，也是我无法彻底摆脱的一个症状。虽然，据说大脑在高度焦虑的时刻产生解离体验是为了自我保护，但这种症状却只是加重了我的病情，就好像我是一个溺水的人，在需要疯狂踢腿的时候，大腿却失控了。房间和房间里的每一个人，都变得不真实。颜色变得过于鲜亮，声音变得刺耳，我好像被泡沫包装包裹起来，无法回到现实世界。在一场成人礼派对上我第一次体验到这种感受，我被吓坏了，以至于我忘记了那晚发生的其他一切事。

最坏的情况是，我看着镜子里自己的脸，但却认不出那是自己，这不仅仅是因为那个早上我的头发凌乱、面色晦暗。这是一种怪异的、极其可怕的体验。我记得10岁那年，我第一次和一位朋友一起去度假。我只正常了一个晚上，那里的一切事和一切人看起来都变得非常奇怪和罪恶，我觉得我一定是破碎了（我出现分离焦虑症状已经长达几年之久，我那可怜的父母一定早就渴望一些独处的空间了）。当我心力交瘁之时，焦虑还会卷土重来。到了20岁出头的年纪，我再次被浓重浑浊的焦虑和抑郁情绪环绕，解离体验让我觉得周围的人都像是一场拙劣的真人秀中的演员——我的肾上腺素奔涌，我的情绪高度紧张，不知为何这使得我爱的人看起来就像是纸片人一般。我无法与他们建立连接，一切都感觉像是假的，像是表演——我好像身处恐怖谷（uncanny-valley）。（“恐怖谷理论”描述的是那些特别像人类，但准确地说又不是人类的对象，它们会让人产生毛骨悚然的恐惧感。）

我仍然认为，这就是我担心自己今后可能变成精神病患者的原因。人类与生俱来就有与他人建立联系的欲望。当亲密的关系破裂时，我们就会感到痛苦——一段爱情的终结，一份友情的消逝。我们需要与他人之间有亲近感。但是在解离状态下，所有这些都不存在了。就好像有一面玻璃幕墙隔在你和你所爱之人中间——你感到对方模糊而疏远。我过去经常看着我亲爱的家人，同时觉得他们都是陌生人。没有什么比这种感觉更可怕了。

还有别的症状吗？有。我会抓挠皮肤，直到皮肤流血、结痂；我会揪掉我的头发（比拔毛癖的程度轻一点。拔毛癖患者有强烈的拔掉头发的冲动，似乎这能让他们获得一种强烈的解脱感。青少年患拔毛癖的比例比成年人更高。）；我还会啃咬嘴唇，直到嘴唇流血。作为一个成年人，我身上的伤疤显得很可笑。“贝拉，为什么你腿上有那么多伤疤？”“哦，因为当我感觉失控时，我会拔掉腿上的汗毛，直到腿上流血。谁想再喝一杯吗？”

但其实我没有对任何人讲起这些症状，因为我觉得它们很可怕。它们让我觉得尴尬，而且我害怕如果谈论这些症状，会引发更坏的后果。虽然我根本不知道更坏的后果是什么，但对一个 11 岁的忧郁的孩子来说，它们的威胁是非常真实的。我一直都有一种厄运即将到来的感觉。如果我是一个古怪的早熟儿童，读过卡夫卡的作品，我一定会同意他对忧虑的描述：“我感觉体内有一个毛线球，不停地卷曲缠绕，从我身体的表面拉扯出数不清的细线。”[52] [但当时我没有读过卡夫卡，我读的是伊妮德·布莱顿（Enid Blyton）的作品。]

幸运的是，如今具有相同症状的孩子比我当年更容易得到帮助了，“儿童心理”（Young Minds）这样的慈善机构能提供很好的信息和建议。然而，我确信仍然有许多孩子虽然有可怕的想法和强迫行为，却没有告诉任何人。尽管我的父母善解人意，但我认为他们没有认真考虑过我是否患上了心理疾病。“贝拉又紧张了。”这是他们常说的一句话，但他们认为我长大后自然而然就会好起来。也许如果我告诉他们，我越来越痛苦地跟自己讨价还价，只为了不让他们死去，他们可能会更担心。但我没有告诉他们。

不管怎样，我确实长大并好起来了。但所谓的“好”只持续了一小段时间。到了青春期，我不再像小时候那么容易紧张，我变得开朗了，社交成了头等大事。我觉得这是年轻的我第一次适应生活——没有发生奇怪的抽搐，也没有抽离于周围世界的感觉，没有胸口酸痛，也不再担心如果不能按照正确次数眨眼妈妈就会死去。我像所有的朋友一样，快乐地在伦敦城游逛，认为曾经的痛苦只是一段不幸的童年往事。

我找到了朋友和生活乐趣，这意味着，我能在很大程度上把通常的焦虑症状抛到脑后——因此那时的我比大多数青少年更幸运。众所周知，往好了说，青春期是不好应付的；往坏了说，青春期是痛苦难熬的。这不仅仅是因为人在青春期面临着一些普遍考验，这些考验本身已经够闹心了。有 50% 的成年精神疾病患者的症状始于 15 岁之前，75% 的成年精神疾病患者的症状始于 18 岁之前。青少年出现心理健康问题的比例正在上升：英国教育部 2017 年的一项研究表明，有 1/3 的青春期少女表现出焦虑或抑郁症状，10 年内这一比例上升了 10%。在全球范围内，神经精神疾病是导致青少年残疾的主要原因。如果青少年在人生的这一关键时期没有得到治疗，就有可能错过接受教育的机会和其他机会，并面临着受到孤立和歧视的风险。换句话说，在早期解决这些问题至关重要，而且有一个事实越发明显，即运动对于缓解心理疾病有重大作用。英国国家医疗服务体系建议 5 岁至 18 岁的未成年人每天运动 60 分钟以保持健康。皇家精神病学学院也强调经常锻炼对年轻人的益处。

但我和其他许多人一样，没有及时处理我的忧虑——我忙着压制它们，努力表现得像个“正常人”。我不上体育课，坐着不动，在不知不觉中浇灌了压抑已久的忧虑的种子。在过去的几年里，与心理疾病相关的污名化和耻辱感已经大幅降低。虽然这一过程仍然任重而道远，但我还是对这些变化感到惊讶。就在 15 年前，我对心理疾病的唯一理解就是精神病——而且这一理解还是戏剧化的、不准确的。我们在学校里学不到关于心理健康的知识，也没有人公开谈论心理问题。我们只是轻率地确信，心理疾病永远不会发生在自己身上，那是别人的事儿。然而，这不是真相——就在那段时期，我有两个好朋友都表现出精神病的症状。经过治疗后，他们还会不时出现症状，但就像变了一个人，再也不同于往日了。我们不明白发生了什么事。直觉告诉我们，最好假装什么都没有发生，一切照旧。因此我从来没有想过自己可能会有心理疾病，或是需要寻求帮助解除心中的忧虑。于是忧虑逐渐卷土重来，而这几乎是必然的。一开始我表现出呼吸困难的症状，我以为自己得了哮喘（不是的，是惊恐发作）；后来我感到头痛，担心自己得了脑瘤（不是的，真相见上文）；我总是感到痛苦和疲倦。当我在一家俱乐部里晕倒时，我以为自己病得很严重。

长期心理疾病的首次发作通常出现在青春期，然而，大部人没有及时得到治疗。我可以说是按时爆发了。我不知道发生了什么，但我又开始用自己的方法应对症状，找出极其复杂可笑的借口来合理化那些症状。晚上和朋友外出时，例行由我来做司机，以防那些喝酒的女孩受到伤害（真实原因是我害怕遭到恐怖袭击，不知何故我认为开一辆车会安全一些）。我不再坐地铁，但我表现得若无其事，跟别人开玩笑说我不想待在比牛群更拥挤的地铁里（实际是因为我在密闭的空间里会惊恐发作）。我不在高速公路上开车，以防惊恐发作导致车祸，但在其他路段上我会主动要求由我开车。我不再乘飞机，尽管这很难解释——我只得承认我很害怕，我讨厌说出真相。如果我们去看不见明显出口的酒吧或俱乐部，我会立即感到不适。不知为何，我走到哪儿都随身携带扑热息痛和苹果汁，这成了一个笑话——好像它们是我的武器，在任何紧急情况下都会帮到我。原本我以为自己会永远无忧无虑，但我很快失去了这份洒脱。

如果在电影院和剧场里感到憋闷，我会要求朋友和男朋友跟我一起离开。如果我觉得有什么不对劲，就会取消约会。但我仍然没有把这些状况综合到一起，意识到自己患上了焦虑症。我的第一个男朋友真是个可怜的男人，不得不忍受我的许多奇怪行为。就连我自己也不理解那些行为，更不用说向他解释了。我在很多次晚宴上哭泣、逃开。作家斯科特·斯托塞尔（Scott Stossel）在回忆录中描述了他与焦虑相伴的生活，他精辟地指出："我放弃了约会，退出了考试。我会在求职面试时发病，会在乘坐飞机、火车和汽车旅行中发病，就是走在大街上也有发病的可能。"[53] 我失去了朋友，因为我无法解释自己为什么这么古怪。即便如此，如果这是保持安全需要付出的代价，我认为值得。

我的应对技巧糟糕透顶，但我仍然依靠它们熬过了几年时间。在某种程度上，我仍然可以享受生活；我仍然觉得自己很"正常"，只是有时会生病，时常喘不过气来。我频繁地去看医生，带着各种各样的健康问题，试图解决那些不知来由的症状。我经常想，如果那时我知道自己出了什么问题，我会不会运用现今所知的方法缓解焦虑——呼吸技巧、正念、运动。可能不会。我太羞怯了，不敢做任何看起来奇怪或引人注目的事。回避身体运动的人不止我一个。《英国体育研究》（*Research by Sport England*）称，在各个年龄段，女性的运动量都少于男性。[54] 原因是复杂的。但是，有反馈表明，人们认为运动与天赋和攻击性有关，是非女性化、高竞争性的。这项研究再次表明女性害怕自己受到评判。

对我来说，回避运动的原因很明确，我不想被人们嘲笑。我不擅长集体运动，我担心自己表现得很愚蠢。沿着路边，学校为男生提供了好几英亩运动场地——足球，板球，橄榄球，田径。一星期里的每一天，他们好像都在不停奔跑。然而，女生们的体育课被漫不经心地对待，我们胡乱扔球，要不就被带去爬一匹老旧的布满灰尘的鞍马。六年级时,学校明确表示取消了女生的体育课，我们只能靠自己了。我们在附近的公园里散步，这项运动相当于“在灌木丛中吸烟”。我很擅长这样的“体育课”。一项名为“女生也可以”（This Girl Can）的运动努力向妇女和女孩们宣传：锻炼对健康至关重要，女性不需要感到尴尬。然而，羞耻感很难消除，尤其当女生和男生在一起上体育课，不得不担心被男生评价时。有研究表明，这是女生对运动的主要顾虑之一。

虽然性别差异对待可能不是女性不愿锻炼的主要原因，但我一直强烈怀疑其合理性。虽然如今已时过境迁，但在我成长的过程中，人们认为男孩踢足球是理所当然的，女孩就该去做雏菊项链或者画粉笔画……要么就安静地坐着。可悲的是，这种现象似乎仍未有本质的改变。2016 年，体育记者安娜·凯塞尔（Anna Kessel）写了一本书《吃饭、流汗和锻炼》（*Eat, Sweat, Play*），鼓励女孩锻炼身体。她在书中描述了她观察到的真实情况，在体育运动上，人们对男孩和女孩寄予不同的期望——但这两种期望都不是鼓励性的。在偶然的机会下，她观察了一堂男孩们的体育课，男孩们在运动中没有受到鼓励和表扬，但当他们失败时却遭到了训斥。“许多孩子只是在应付，老师几乎注意不到他们的存在。”[55]但至少老师看起来是在场的。凯塞尔随后观察了同一名教练为一群男女混合的孩子上课。在她的描述中，教练不愿指导女孩子，书中写道：“他似乎觉得不值得花精力教这些女孩子。”

此外，对身体形象的关注通常意味着女孩（包括我）不愿参加运动。这种倾向会延续到成年期。2015 年 *Cosmopolitan* 杂志所做的一项调查发现，大部分接受调查的女性在健身房会表现出畏惧情绪。其中有 14% 的女性特别害怕男人评判她们。[56]这种情况不仅出现在健身房里。当我开始跑步时（现在仍然如此），我唯一讨厌的事是，当你在路上跑着，会有一大群男人把你视作骚扰目标。有人在半路拦住我跟我一起跑；有人在汽车和货车上按喇叭，缓慢地跟在我旁边；还一个值得纪念的时刻——一个男人伸手抓了我的腰。我讨厌跑步的时候还得操心哪条路适合慢跑，会不会遇到一些可能会袭击你的醉汉。还有，我讨厌天热穿短裤跑步的时候被一些“大人物”评头论足，那些人自以为上帝赋予了他们评价别人衣着的权利。他们以为自己是《天桥风云》（*Project Runway*，美国一档时装设计师展示才华的真人秀节目）的评委，其实只是一些恶心的变态狂。

即使在青春期以前，我也会为这类威胁忧心。在我上小学的时候，如果女孩想到足球场上一起踢足球，会遭到男孩子们强烈的嘲笑。那时我还没有反思过性别刻板印象的影响，只是感到有些沮丧。到了十几岁，情况更加严重，我开始对正在发育的身体感到尴尬。亚历山德拉·海明斯利（Alexandra Heminsley）写过一本精彩的书,《像女孩一样奔跑》(*Running Like a Girl*)，这本书的内容是关于参加马拉松训练和比赛的，书中讨论了青少年对于运动的类似反感。“我的身体曾经给我带来很多乐趣，现在它却更像一件不靠谱的紧身衣。我刚刚适应了它的外形，又开始担心接下来它会变形成什么样。”[57]

虽然结果很难跟踪，但许多专家认为，在学生时期不积极参加运动的人成年后运动量也会偏低。[58]我在16岁时曾去过附近的健身房，心里想着，至少应该去了解一下，看看我完全放弃运动是不是错误的。然而在那里我却得到了这样的体验：有人挑逗我；有人指责我用错了机器；有人在举重室里嘲笑我。从那以后的14年里，我再没有迈进健身房的大门。是我反应过度？也许吧，但作为一名缺乏安全感的新手，我觉得那里的氛围糟透了，那里不欢迎我。

现在你看到了，我没有采取任何可能有帮助的措施。尽管设置了那么多荒谬的心理防线，我还是面临崩溃。我想维多利亚时代的阿姨们会礼貌地说我“有点毛病”（a breakdown）。[①]

---

① 这完全不是医学术语，我喜欢这个说法。它让我想到这样一个意象：我穿着婚纱被锁在一个布满蜘蛛网的角楼里。就让我待在那里吧。

我离开了学校，根本不知道下一步该做什么。远离家乡去上大学是不可能的，我太害怕离开家了。虽然不知道我到底在害怕什么，但我找出了常用的最可信的借口——伦敦太好玩了，大学生活貌似很无聊，我想与众不同。焦虑让我放弃了许多事，其中最令我愤恨的就是它阻止我离开家乡去上大学。20多岁的我仍然固着在青春期的状态里，心思飘忽不定。也许独立的大学生活会加速把我推向成人的世界。我认识的所有人都是经由我不曾体验过的方式成长的：冒险进入一个独立的新世界；结交新朋友；选择自己的生活方式。

而我留在了家乡，但这对我来说还是不够安全。我选的学校就在市中心。即使只是去学校报到也令我害怕，我一直按捺着心中的恐慌，等着领取学生证。为了给我打气，让我不至于落荒而逃，爸爸只好在上午过半的时候到学校看我。这意味着我上大学的第一天就是由爸爸陪着的。你可以想象，虽然我觉得现在的自己挺酷的，不过，很明显，现在还是酷不过当时。

我一次性地、顺利地度过了大学生活——这是个玩笑。6个月后我就退学了。我实在是无法应付。每次进城，我都无法面对那种恐慌。我会在课堂上严重惊恐发作，不得不离开教室。惊恐发作的奇怪之处在于，尽管你觉得整个房间的人都在看着你，但事实上，很可能根本没人注意到一丁点儿迹象。但它会将我打败，让我落荒而逃——危险似乎无处不在，而我已疲惫不堪，无法抵御这些危险。我汗流浃背，精疲力竭，浑身颤抖，为自己如此一无是处而泪流满面。

事到如今，父母已经意识到我有问题了，于是他们送我去看一位心理医生。心理医生很平静地告诉我，我的症状是惊恐发作，同时我患有广泛性焦虑障碍。我花了 19 年时间才发现自己有心理健康问题，这似乎很荒谬。但这种情况的普遍性超乎想象。据估计，有 1/4 的英国人在生活中出现过心理疾病的症状，不难想象，其中有许多人只是在独自挣扎，不曾得到明确的诊断或适当的帮助。在写这本书的时候，我和一位朋友谈论心理疾病的相关话题，他透露说，他最近被诊断出患有焦虑症和抑郁症（这两种心理问题经常同时出现）。他 34 岁了，在此前的 15 年里，他一直认为自己只是有一种“悲观”的心态，此外没有其他问题。直到亲密关系出现了危机，他才去寻求帮助，然后很惊讶地发现自己得了病。一经确诊，他就开始得到帮助。他的状况可能会有改观，这让我感到安慰；但同时我也深感沮丧，在那么漫长的人生光阴里，他竟然一直认为悲观是他的宿命。像这样的故事并不少见。

一旦我发现自己的问题所在，惊恐发作就缓解了一些。这就像是当你觉察到正在发生什么，恐惧就会减弱。知识就是力量。我知道我不会因此死去，所以惊恐发作没那么频繁了。如果所有的心理疾病解决起来都这么简单就好了。“焦虑”就让我非常无奈——在几年时间里，我努力表现得和别人一样，现在让我承认事实并非如此，简直是一个重大的打击。即使这种“不正常”不是我的错，也不是一个缺点，我仍然会有这种感觉。我总是用玩笑的态度回避我的病情，试图将问题轻描淡写——这永远是我的第一道防御系统。（你可能已经注意到了，至今这仍然是我的本能反应。）

虽然我已经知道问题所在，但我仍然没有采取任何有意义的解决措施。也许我获得了一些自信——现在我知道什么叫惊恐发作，这就足够了。我没有花太多时间研究伴随惊恐发作可能出现的其他症状，也没有思考这一问题是否会持续终生。我以为我只是暂时与这些忧虑相伴，就像只是在试穿一些暂时合身的衣服，等我长大了自然就会丢掉它们。医生为我开的药是 β 受体阻滞剂，这些药物最初是用来治疗心脏问题的，也能缓解惊恐发作引发的身体反应——比如心跳剧烈和手心出汗。有些害怕在公开场合演讲的人或参加大型演出之前的音乐家也会服用这种药物。它们对身体的作用非常明显，但对我飞速运转的头脑毫无影响。这些小药片不能治愈焦虑症或者减轻你的恐惧，它们只能缓解日常症状。

像许多 19 岁的年轻人一样，我先是感到迷茫，随后就彻底迷失了。不过后来我又上了一所艺术学校，在那里度过了一年美好的时光，交到了一些朋友。我感到放松，以为已经摆脱了那种恐惧。然而，狡猾的焦虑症可不这么想。在我入学的第二年，一切都崩溃了。发病的迹象一开始很细微。在开往学校的公交车上，我感觉有些奇怪。很快，事情就变得不对劲了，世界变得黑暗，充满威胁。最后，我走进教学楼，但马上又走出来。接着，在大学的停车场，我经历了到那时为止最严重的一次惊恐发作。那次发作比常见的发作更加糟糕。除了呼吸不畅和眩晕，我还感到大脑内部天翻地覆，那种感觉无法形容。我的思绪以不可思议的速度在大脑中飞驰。脑海中不断出现相同的语句，仿佛一张卡住的唱片不断重复。眼前的颜色变得过度鲜明——好像有条形灯带在我的眼球后面闪烁。甚至连好朋友看上去也变了——就像陌生人戴着熟悉的面具。我坐在停车场，试图摆脱这些奇怪的新症状。我大口吞咽着空气，快速而疯狂地搓着两只手。

我不明白大脑中发生了什么，随即我返回家中，声称头痛，把这次发作当成偶然事件。然而，第二天我无法乘坐公共汽车。第三天也不行。我一个星期没去学校，躲在家里，感觉不对劲。早上醒来的时候，我能感觉到体内的恐慌。人们通常在早晨的焦虑感最强，因为此时压力激素皮质醇正处在高峰水平。一觉醒来，感觉就像已经喝下三升咖啡，末日感涌上心头。这会让人觉得，开始新的一天是世界上最糟糕的事情。刷牙的时候，你就已经知道，接下来将要发生一系列难以应付的事。

大脑翻转的奇怪感觉并没有终止。我的思绪混乱冲撞，形成一种听不清楚的糟糕乐调，撞击着我的颅骨，转而冲击我的眼球。焦虑症患者非常熟悉“如果……怎么办”的思维模式——当你的大脑陷入自我质疑的时候，通常不会有任何预警。典型的问题有:“如果我在会议上昏倒怎么办?”“如果没有人喜欢我怎么办?”我已经习惯了这样的质疑。然而，现在我的大脑提出了更加险恶的问题。那天我在停车场的感受太过奇怪，以至于我非常害怕自己不光是得了焦虑症。于是我的大脑问了一个“显而易见”的问题——“如果我发疯了怎么办?”

这是一种侵入性思维。其常见程度令人震惊——每个人都有侵入性思维。“如果我把这个老太太从自动扶梯上推下去会发生什么”的念头就是侵入性思维。这些念头突然在脑中闪现，我们惊讶于它的怪异，但这并不意味着我们真的想把老太太从自动扶梯上推下去。1978 年，强迫症专家和心理学家斯坦利·拉赫曼（Stanley Rachman）对一群健康的学生和他的一组病人进行了调查，发现两组调查对象中几乎每个人都有过类似的想法。但关键是，那些不受强迫症影响的人面对这些念头可以轻易地置之不理，他们不会感到困扰，或是赋予这些念头任何意义或重要性。而那组强迫症患者无法做到这一点；相反，侵入性思维会让他们陷入思维“瘫痪”，他们会反复思考并纠结于这种侵入性想法到底意味着什么。一个患有焦虑症、抑郁症或强迫症的人可能会想:“如果我把这个老太太从自动扶梯上推下去会发生什么?”而且他确信自己真的想这样做，担心这个想法把自己变成怪物，甚至是杀人犯。于是，他必须发明一种复杂的心理拼图以“抵消”这样的想法。面对一个侵入性想法，他可能必须立即设法创造出一个全家人都很安全的意象，或是想出某个有特别作用的词语来消除这个想法。

我的大脑提出“我是不是发疯了”这个问题，我自然被吓坏了。一个没有焦虑症的人可能会觉得这个想法很可笑继而忽视这个想法。但我不能！我不眠不休，把所有时间都用于与自己纠缠，试图消除这个想法。问题是，你越努力安慰自己，大脑反而越活跃。狡猾的大脑，它对你的恐吓能力总是超乎你的想象。

似乎就在一夜之间，我那些“如果……怎么办”的念头已经从平时常想的“如果我乘坐的飞机坠毁怎么办”演变成了“如果我觉得每个人都想抓住我怎么办”。这两个想法都相当不合理，但第一个在感觉上是熟悉的，至少有一些现实基础，而另一个想法根本无从验证或反驳——但我大脑已经进入超负荷运转状态。我会在谷歌上搜索相关的症状、想法和数据。我会躺在床上翻来覆去地思考，被层出不穷的念头淹没——似乎每一秒钟都能产生数千个念头。“如果我疯了怎么办?”“如果我觉得每个人都想抓住我怎么办?”“如果我杀了我妹妹怎么办?”“如果刚才我从网上获得的信息都是错误的怎么办?”“如果我的处境很危险怎么办?”“让我把所有这些想法再捋一遍，并一一反驳它们。”真是累死我了！

在人类历史上，一直都有关于这种强迫性思维的记载——主要内容是过度紧张的宗教性思维。考虑到信仰的重要性和旧时代人们对教会的恐惧，我们便可以理解了。与上帝有关的侵入性思维会使当事人感到恐惧。1691年，约翰·摩尔主教（Bishop John Moore）出版了一本描述这些强迫性想法的小册子，当我第一次读到这本小册子时，我笑了。他的描述与我们千禧一代的大脑问题惊人地吻合，而且，他提出的解决侵入性思维的方法也与我从无数当代专家和相关书籍中获取的信息一致：

“当发现自己被侵入性思维缠绕，你不要太过沮丧……不要与它们进行激烈的斗争，因为经验告诉我们，激烈的反对只能让它们增长和膨胀；然而，当被忽视的时候，它们就会烟消云散，而我们自己也不会太在意它们……因此，这并不是一场针对忧郁念头的激烈斗争，激烈的斗争只能削弱和损害我们身体，使情况恶化。用温和的、让自己感觉舒服的方式，比如养精蓄锐，一定能制服和驱散头脑中的混乱喧嚣。”[59]

谁会想到，生活在伦敦大火那个年代的主教会带给我这样的启发？

在生命中的这个阶段，我未曾与他人发展深入的关系。主要原因我之前曾经说过，我感到羞愧和尴尬。对于至亲的想法，我多少有一些感知。我还记得，一天晚上，我在床上歇斯底里地哭泣，爸爸试图让我平静下来。“可是也许我会认为每个人都是机器人。”我哭着说，他向我保证不会发生这样的事。但我不确定他说的对不对，而且我可以看出，当女儿脱口而出这样奇怪的想法，作为非专业人士，他是无法应付的。所以，我并没有跟别人说起患病的细节。我只是说我要疯了，剩下的让他们自由联想。

但你为这本书付钱了（我希望你别把它弄脏弄破）。而且你可能会怀疑我那女性专属的焦虑没那么严重，所以我会极尽诚实地描述生命中这一至暗时刻的思想过程。

在停车场那次惊恐发作大约三天后，我的大脑开始产生下面的念头：

那些症状很可怕，与过去不同，也许这不是焦虑症。

如果不是焦虑症，我是不是发疯了？

什么是发疯？我觉得是精神病。

天哪，我得了精神病。

精神病患者会以为电视正在向他们发送信号。我是不是这样以为的？

不，当然不是。但接着我就去看电视了，想确认我是不是会收到信号。因此我必须认真考虑这个问题。

不，你没有发疯，因为你知道自己有焦虑症，这只是恐惧情绪。

不，我感到疏离和怪异，周围的每个人看起来都是虚假的、不真实的。

我想我是否陷入了《楚门的世界》中？身边的人是不是都是演员？

不，那只是失去了现实感，你经历过这种情景的。

但我一直在想这件事。我确实在想——所以我疯了。我得去住在精神病院里，我会听到一些声音。

我听到那些声音了吗？当我睡着的时候脑子里的那个声音意味着我发病了吗？

我想叫朋友们出来，努力证明他们在表演，尽管理智上我知道他们不是演员。我真的不相信任何人吗？

世界看上去像虚假的电影布景吗？扁平而怪异。如果我觉得一切都是虚假的怎么办？

如果我以为父母都是机器人，于是杀了他们怎么办？如果我不知道自己杀了他们怎么办？

如果我生活在模拟世界里呢？如果事实上我已经死了呢？让我再来把这些想法捋一遍，与它们争辩几个小时。

这样的想法还有成千上万，在我清醒的时候，脑子里根本容不下其他任何事，这不是夸大其词。我茶饭不思，难以入眠——当我闭上眼睛，我会看到超自然的卡通人物在眼皮后面私通（催眠幻觉）。它们堕落的行为连色情明星看了都会脸红，我深感震惊，根本睡不着觉。

那些念头的频率和强度仿佛连绵不绝的海浪冲击着我，我还没来得及从一波冲击中恢复，下一波冲击已经到来。一个“如果……怎么办”的质疑还没有消散，另一个问题已经冒了出来。我没有实践主教的建议，而是把所有时间花在争论、反驳、接受、摆脱那些念头上。然而，我的努力毫无作用，头脑里充斥着乱七八糟的信息，每当产生一个新的想法，我就会呼吸急促、哭泣和干呕，好像这样就可以把它们从身体里赶走。

而且我的广泛性焦虑障碍症状也没有消失。自我的思想斗争耗尽了精力，但却没能阻止全身的肾上腺素发挥作用。我什么也吃不下，胃部翻腾——我感到极度虚弱，几乎没有力气去做任何事情。倒不是说有什么事在等着我去做。我不能返回校园，不想见人。我只是躺在床上，偶尔起身，一边漫无目的地在房间里游荡，一边哭泣。在大脑的深处，我不停地思考、思考、思考……

在这一点上，我完全无法控制自己。我妹妹亲切地把这段时间称为“面壁时间”，其他人不得打扰。让我深感幸运的是，我的家庭愿意为我的问题花钱。家庭医生曾为我开过 β 受体阻滞剂，这次他为我开具了一种带有镇静作用的老式抗抑郁药。他提醒我，如果想接受心理治疗，就意味着需要在等候名单排队 6 个月。几乎每天我都会想到全国上下正在经历自杀、绝望、迷失的患者，他们无法及时获得需要的心理服务。

在英国，心理健康服务一直供不应求。近期，尽管政府承诺增加 10 亿英镑的预算用于国民心理健康治疗，但目前仍有许多病情严重的患者不能得到及时治疗，或是找到正确的服务机构。[60, 61, 62] 英国国家医疗服务体系于 2008 年推出了“增加公民获得心理疾病治疗机会项目”（Improving Access to Psychological Therapies，简写为 IAPT），2016 年，该项目提出的目标是使 75% 心理疾病患者在 6 周内接受治疗，使 95% 的心理疾病患者最长在 18 周内接受治疗。[63] 当然，有这个目标总比没有要好。但你试试向一个疯狂又恐惧的人解释：他还得再忍耐 4 个月才能得到治疗。我的一位朋友因心理疾病不断进出医院，她的遭遇很有代表性：治疗被取消；在等候名单中排队；奔波几英里到离家很远的医院接受治疗；因为每次接待的医生都不一样，所以被误诊。我并不是在抱怨英国国家医疗服务体系没有尽力，而是说，它其实没有足够的资源让每个人都得到合适的治疗。

我是幸运的，很快见到了一位非常善良的心理医生。我向他叙述每一个折磨我的疯狂想法；声称我一定是疯了；在他面前失声痛哭。而他一直在倾听。他向我解释说，我的问题依然是焦虑症，那些强迫性思维是焦虑症的症状（我告诉过你强迫症不是有洁癖）。他给我开了抗抑郁药物。我曾经强烈抗拒服药（吃药让我觉得自己被打败了），但这次我遵从了医嘱。因为我有了想死的念头，但我同时知道这种想法不正常。布莱尼·戈登在她的回忆录《疯狂的女孩》中准确地描述了这种不情不愿的状态，她说阅读解释药物副作用的说明书是令人畏惧的（“类似于读《战争与和平》”），但她不在乎副作用，因为她宁愿得骨关节炎也不愿得强迫症。我记得我也是这么想的。这些描述可以用来反驳那种观点：我们服用抑郁药物是为了寻找想象中毫不费力的快感。

“‘希望’是长着羽毛的鸟儿——”艾米莉·狄金森（Emily Dickinson）说，“它栖息在灵魂之中。”在接下来的几个星期里，我似乎看到了微弱的亮光，朝着光的方向爬过去。药物开始发挥作用了。我打包行李，去看望在诺丁汉上大学的朋友们。我坐在火车上，呆呆地望着窗外，与此同时侵入性思维正在搅动我的大脑。“外面的风景是不是假的?”“如果我的朋友们想毒害我怎么办?”“他们为什么要毒害我？这太疯狂了。”“你没有发疯,这只是焦虑……”

我完成了这次旅行。我进了几次商店，甚至在酒吧过了一夜。然而，在大脑休息的这段时间，我依然感到备受打击。我觉得强迫性思维、焦虑和死亡的念头已经使我的大脑受到了不可挽回的伤害。尽管强迫性念头在缓慢消退，但我不知道如何若无其事地继续生活。我仍然在寻求安慰，仍然会疯狂地搜索相关症状，仍然感到害怕。

我也很愤怒。愤怒的原因是，我无法摆脱这份恐惧。在状态好的日子里，它潜伏在我的胃部；在状态糟糕的日子里，它占据了我整个身体。就好像有一个可怕的、憎恶我的小鬼住在我的身体里。周围的每个人似乎都过着多姿多彩无忧无虑的生活，为什么我不能？哪怕只有一天也好啊!

然而，即使我的大脑安静了一些，我仍然会抑郁。悲伤情绪对焦虑症患者而言，就像在一团火上盖上一张湿毯子。我对一切感到失望，对于自己的毫无价值感到内疚。就连我的狗都能让我哭起来。我看着它那潮湿的眼睛，认为它应该有一个更好的主人。

在那些爱我的人的支持下，我得以度过这场危机。如果我独自一人，一定扛不过去。我没有能力帮助自己。我暂时到达了彼岸，但我仍然没有放松下来。我 20 岁了，没有进一步的教育和工作经历。我比以前更加害怕。我想知道我是否真的摆脱了忧虑，但这好像并不可能。我的人生似乎已经停滞，而我还没有真正地体验过生活。

4 km

现在开始
还来得及吗

这是我第一次和妹妹一起跑步，也是第一次和别人一起跑步。我妹妹身材高大强壮，她总是嘲笑我的矮小（我身高 5.7 英尺[①]，是高大的家族中最矮的一个）。我跟她掰手腕总是输，也不能轻松地打开罐头瓶子。她比我早几年开始跑步，对她来说这是件轻而易举的事。前一天晚上，她喝了一瓶红酒后兴致勃勃地跑了半个马拉松。一月份的时候，她在湖里游泳，而我穿着两件外套站在岸上嘲笑她。我们对待运动的态度截然不同。而在这个夏日，我们肩并肩一起跑步（离得很近），我一边挣扎着前进，一边还能跟她聊上几句。吃完一顿丰盛的午餐后，其他家人都午休了，我们俩溜了出来。我们在父母生活的村庄里慢跑，看到田野里放养着鸡和羊，路过小时候常去吃饭的小酒馆。我们跑到乡间公路上，在篱笆旁停了下来，脚底沾满了泥。我暗自狂喜——我竟然能和我的长腿妹妹一起跑步了。她总是嘲笑我的焦虑和脆弱，而我现在竟然能和她一起做一件需要体力和耐

---

① 1 英尺约为 0.30 米。——编者注

力的事了，真是难以置信。我们一边走，一边讨论这几个月发生的事，她对我为应对焦虑症所做的努力表示赞赏。接下来，年轻力壮（更有竞争力）的妹妹嫌弃我走得太慢，径自加快了脚步。她跑了几圈后回到我的身边，我们返回家中。我发现自己一直跑了24分钟，其间没有看过一次表。我曾经以为，跑步只是一种孤独的追求，是令人羞愧的、几乎需要表示歉意的行为。但当我第一次和妹妹一起跑步，看到她在我身边飞奔而过，我决心不再向其他跑步者隐瞒我日益增长的热情，尽管我的步伐很缓慢，也掰不动手腕。

为什么我会患上焦虑症？原因是什么？很少有哪种疾病像焦虑症一样容易被误解。同时，焦虑症的起因也很难得到具体的解释——即使专家也觉得困难。针对广泛性焦虑障碍等焦虑症，英国国家医疗服务体系列出了一些原因，其中包括：

- 与情绪和行为相关的脑区过度活跃。
- 大脑中涉及情绪调节的化学物质失衡，如血清素和去甲肾上腺素失衡。
- 遗传基因的影响——如果你有近亲是广泛性焦虑障碍患者，你的发病概率将是普通人的5倍。
- 有过应激或创伤经历。[64]

当然，焦虑症的诱发因素还有很多。生物学因素、社会因素和心理因素都可能成为发病因素。现代生活充满了压力，很容易造成心理健康状况恶化。长时间工作、通勤压力、财务压力、孤独感和社会不公——这些因素都会促使容易产生焦虑感或低落情绪的个体心境迅速恶化。如今，社区人际关系越来越淡漠，家庭单元越来越小，朋友和爱人组成的交际圈分散化——据统计，2017 年，有 390 万 16 岁至 64 岁的英国人独自生活，很多人面临着孤独终老的风险。

贫困也是影响人们心理健康水平的一个重要因素。社会公正中心（Centre for Social Justice，简写为 CSJ）是一个保守派的智囊团，它发现家庭收入最底层的儿童和成年人（家庭收入最低的 1/5）比家庭收入最高的儿童和成年人（家庭收入最高的 1/5）出现一般心理健康问题的概率高 3 倍，罹患精神障碍的概率高 9 倍。[65] 该中心的研究报告明确了低收入群体易患心理疾病的 6 个因素：

- 失业
- 缺乏机会
- 负债可能性高
- 缺乏资质认证
- 家庭破裂
- 成瘾问题

除了低收入家庭，英国的黑人和少数族裔群体患上心理疾病的概率也偏高。这些群体成员被诊断出心理疾病并入院接受治疗的概率更高，治疗的效果更差，也更有可能脱离主流的心理健康服务。因此，当你知道这些群体成员比白人更可能被隔离（根据精神健康相关法律进行拘留，有时会违背个人意愿）时，你就不会感到吃惊。除此之外，社会公正中心报道，“在向心理健康服务机构寻求帮助时，黑人被拒绝的概率比白人高出 40%”。[66]

因此，一些心理疾病患者受到的打击更大是有原因的。一些容易忽视的缺口可以通过适当的资金和资源支持、教育及文化沟通理解来弥补。在这个社会中，我们辜负了许多人，需要纠正许多不合理的状况。有时，解决某个特定问题可能会帮助心理疾病患者恢复健康。但在你痛苦难耐的时候，合理的理由对你来说可能没有任何意义。

在上述英国国民健康服务体系列出的清单中，最后一项引发焦虑的因素，也是我一直在思考的一个因素是：“许多人会无缘无故地患上广泛性焦虑障碍。”[67] 对于强迫症（是由创伤、身体疾病、遗传引起的吗？）、社交焦虑障碍，以及许多其他心理疾病来说，这一说法也是成立的。这可能会令人沮丧。我们中的一些人永远不知道自己为什么会患上焦虑症或抑郁症。如果我们不知道问题的根源，怎么能希望“解决”问题呢？因为病因的不确定性，我在痛苦中作茧自缚了很长一段时间。我爷爷是一个焦虑的人，对健康问题（无论是真实的还是想象的）过度担忧。这是我如此忧郁的原因吗？如果是的话，为什么我的爸爸和妹妹没有受到影响？是因为我年轻的时候得过扁桃体炎吗？就连我妈妈也被卷入了——是不是因为她在我两个月大的时候就把我交给了保姆，她至今仍然对此感到内疚？最近有科学研究在老鼠的大脑里发现了似乎能控制焦虑的脑细胞——我的海马体是不是出了问题？

找到最初的原因似乎很重要，于是，我和一位热情的心理治疗师一起回顾了我的童年早期经历。

他好像认为，如果我足够努力，我们就能找到答案。我希望如此，但没有成功。于是我又开始研究身体疾病和心理疾病之间的可能联系。我研究大脑化学物质，结果在互联网上发现了一些荒谬的原因——这些原因都是跟我一样绝望的人提出来的，他们希望找到一些可供归因的理由，好像这样就解决了问题。把奶制品戒掉！如果能这么简单就好了。

有时焦虑症很像一种纯粹的现代疾病，但事实上，有史以来它就存在。当然，它曾经被冠以各式称谓。很久以前，在原罪、救赎和上帝审判的文化背景下，焦虑曾被赋予一种宗教意义。希波克拉底在他的文章中提到了恐惧症——发作时呼吸急促，发出哮鸣音。像海德格尔这样的存在主义哲学家相信，焦虑是因为人类意识到自己的存在是有限的。这真令人鼓舞。

知道数百年前的古人也经历过类似的痛苦，是否令人欣慰？

我想这因人而异。看到多年来一些伟大的思想家也曾被侵入性思维和心理上的恐慌困扰，总是让我感到一些安慰。但这也表明，人类消除焦虑的能力进步甚微。这个事实很难让人振奋，尤其是许多人现在仍在遭受焦虑的折磨。

生活不可能是一场永远毫无波澜的幸福之旅，仅凭坚忍克己和微笑面对就能解决问题。一些小报试图如此美化战争年代的样貌，但事实从来不是他们描述的那样。悲伤和忧虑总是与美好交织在一起。

人们的焦虑感越来越严重了——至少，这是媒体希望我们相信的。当我看到新闻标题经常提到“焦虑症流行”时，我总是感到愤愤不平，好像精神疾病会传染，能把我们变成神经质的僵尸似的。但是，尽管我非常不愿意面对心理健康问题的普遍性，但统计数据似乎确实表明，人类心理疾病的发病率在全球范围内呈上升趋势。2016 年，世界卫生组织的调查数据表明，在世界范围内常见的心理障碍的发病率有所升高。1990 年至 2013 年，表现出焦虑 / 抑郁症状的人数增加了近 50%，从 4.16 亿增加至 6.15 亿。[68]

因此，如果你觉得现代社会的焦虑更为普遍，这是可以理解的。心理障碍患者数量的真实增长，可能由多种因素共同推动——对焦虑症和抑郁症更准确的定义、更快速的诊断、官方数据的公开，如果我们认真思考，会发现所有这些现象都是进步。

然而，即使有了更准确的心理疾病相关数据，即使你知道从一开始自己就受到不利的生物学因素的影响，或者发现一个创伤事件对你造成了灾难性的影响，这有什么用？与心理疾病共存意味着，你要面对这种表面上的不公，接受自己比别人更焦虑。知道心理疾病一直都是生活的一部分也许没有什么意义，但知道你并不孤单则是另一回事。我可能永远也不会明白，为什么我这么容易陷入忧虑，但是，我的心态变得越来越开放了，这意味着我会与其他理解焦虑症、带着同情心和善意的人们交流。不要一个人面对恐惧和悲伤，这是避免恐惧和悲伤的最好办法。对一些人来说，这可能意味着向朋友和家人敞开心扉；对另一些人来说，这可能意味在社区或网络上找到一个支持性团体。不要像从前的我那样，总是坐在那里自问："为什么是我？"去和别人谈谈。在解决心理问题时，"我们"比"我"的力量要大得多。

亲爱而宝贵的读者们，我不想继续事无巨细地描述我从 20 岁到 30 岁的经历，以致让你心生厌烦。大部分人都同意一句老话：三十而立。这是有道理的。大多数人觉得 20 多岁是一个艰难的时期——如果你没有同感，你在这个年龄做什么？你是不是已经成就了伟大的事业，每天都能早早回家？我恨你，但我没能做到如此鹤立鸡群。奥普拉·温弗瑞（Oprah Winfrey）曾谈到人生的这一阶段："当我 20 多岁时，我是一个迷失的灵魂。在 20 多岁的时候，你的目标是找到自己的灵魂。"[69]

我不了解迷失的灵魂，但我的焦虑肯定没有消失。而且，情况越来越糟糕了。我开始服用抗抑郁药物，去看了几个治疗师，得到了各不相同的结论。一个治疗师坚持让我持续谈论童年经历，以找到问题的根源。另一个治疗师在我说话的时候在纸上胡乱涂鸦，我觉得既滑稽又吓人——是我太无趣了吗？（可能吧。）还有一次难忘而痛苦的经历。我去面见一个帅到不可思议的男性治疗师，他穿着休闲鞋，戴着一只粉红色的戒指，让我躺在一张巨大的皮革躺椅上，和5岁时的我交谈。“那是伊莎贝拉，握住她的手，告诉她不要害怕。”不夸张地说，这个荒谬的场景让我有点害怕，以至于我的身体出现了恐慌反应。在给了他一张数额荒唐的支票后，我从他的办公室逃走了，再也没有回去过。5岁的我失望地离去了。

我曾是一名记者，但在很多时候，我感到自己不够好、愚蠢、缺乏安全感。我从不主动要求升职，也从不大声说话。焦虑可能不是唯一的原因。顺便提一句——几所全球领先的大学最近联合进行了一项研究，研究者请来自48个国家的985 000名调查对象评估这一描述的真实性：“我认为自己是一个高自尊的人。”研究者发现，在所有调查对象中，男性比女性的自尊水平更高。此外，多年来，我都不能离开家。就连过个马路，朋友们也会为我欢呼。这很好笑，但不是真的。我无法展翅翱翔，创造属于自己的独立生活；我的大脑不允许我这么做。“如果……怎么办？万一……怎么办?”这一类的念头在我的脑海里盘旋。待在家附近。别冒那个险。“那个”是什么?一切。

我想，我只过了“一半”生活。幸运的是我还能工作。2017年10月，由英国首相委托发表的一项研究表明，每年有30万患有长期心理疾病的人失业。面对我突如其来的焦虑反应，我的老板应对得很好。在我没有发作的时候，她也总是努力理解我。我限制了自己的社交范围，我不会走得很远——远行很难，真的，因为我连地铁都不肯坐。我待在自我设定的安全范围内，在那张小画布上作画。我自欺欺人地想，这就足够了。慢慢地我开始相信这个说法。我的焦虑起起伏伏。有时我会狂妄自大地想，我已经度过了十几岁时那场巨大的崩溃。随后，不可避免地，我又陷入另一个低谷，再次被情绪压垮。我谈了一场注定失败的恋爱，那场恋爱持续到26岁左右。当这段感情结束时，6年前经历过的所有症状和恐惧统统卷土重来。

每天早晨醒来，我都会被新一轮的恐慌、侵入性思维和近乎歇斯底里的反应吞没。症状来势汹汹，比以往更加可怕。我再次回到以前见过的那位温和的精神科医生那里，坚持让他给我一个承诺。他还是那么亲切、有耐心。他说:“相信我，伊莎贝拉，最大的痛苦来自心灵的迷失。”

听到这话，我哭了。

我加大了药量，每天盯着墙壁，内心退缩。我记得，妈妈为了让我振作起来把我拉去商店，而我看到货架上的鞋子便哭了起来（也许这应该作为我的回忆录书名）；爸爸在我入睡前安慰我，好像我是一个无助的孩子。但我已经不是孩子了。一切都混乱颠倒了，这段时期简直是青春时代的黑暗版本。我一直害怕自己再度崩溃，而曾有的症状咆哮着回来了，提醒我可能永远也不能摆脱恐惧。有这么多人给我支持和关爱，我感到幸运，但私下里我知道，这意味着这次我不会彻底康复了。我积累了太多的焦虑，以至于经历了爆发性的恐慌发作，这是完全有道理的。我像一只鸵鸟，把头埋在沙子里。我以为，只要做一个渺小的人，不强迫自己，决不冒险，就不会出问题。但这样的逃避也是一种冒险，因为风险是无法回避的。当然，我失败了。我祈求医生给我承诺，为我做详细检查，一切一切的努力都是为了摆脱如此艰难的生活。我觉得命运没有赐予我人生大赛所需要的盔甲，所以我不想玩下去了。

我如此迟钝，不敢直面问题。如果你对我感到恼火，我不会介意。事后看来，我也对自己很生气。我把情况复杂化了。作为一个心理疾病患者，我没有做对一件事——我隐瞒病情，试图与之争辩，被症状所控制。然而，像我这样的人很多。如果你观察到这些年来心理疾病在出版物上多么常见，人们谈论起“精神病人”和“疯子”时口气多么随意，你就不会对此感到惊讶，不是吗？有一个经典的假设是，你总会在生活中遇到一小撮人，他们把抑郁症和焦虑症看作一种弱点。他们告诉你只能靠自己振作起来。虽然这些错误的观点已经式微，但这些人还没有完全消失，而你不能埋怨他们，因为他们认为坦白自己的问题太过冒险。然而，最终只有公开谈论才能彻底消除偏见。同样重要的是，我们越多地谈论心理健康问题，依赖自发的愚蠢应对机制的人将越少。在写这本书的过程中，有许多年轻人告诉我，他们一早就开始寻求帮助了。了解到新一代年轻人面对心理疾病没有等待，也没有逃避，我感到备受鼓舞，对他们非常钦佩。但现状仍然需要改进，如果不能及时得到所需的资源，只凭勇敢的求助是没有用的。

回到我当时的状态：忽视焦虑情绪，在别人面前假装若无其事，希望症状消失。在这一时期，我遇到一个男人。最初，他对我似乎并不太热情——这一前提引发了后面更精彩的故事。如果他约我，我就安静地跟在他身边看着他；如果他表现得冷漠，我就退回原地。当时我的自我价值感很低，只要有人对我表示一丁点儿的喜欢，我就无比感激。因此我从来没有要求他认真对待我。当时的逆来顺受实在令我汗颜，就在此刻，我一边打字，一边深感惭愧。当时我只是强烈地感觉到，这个比我大几岁的成年男人，可以通过某种我做不到的方式，完整我的人生。似乎除了结婚，没有其他办法让我深入到真实的生活中去。这真是一个荒谬绝伦的想法——如果你不是一个正常人，如何能获得一段正常的关系？然而，当时我坚持这个执念。

我曾经看过一部非常无聊的浪漫喜剧，其中一个角色敦促她最好的朋友在生活中做出一个改变。有一句台词击中了我。首先我对这段转述说声抱歉，而且我不会再去看了（好吧，我可能还会看）。“一些人在人生的十字路口徘徊，要么他们选择做一些可怕的事来激活自己，要么他们将变成空心人。当你遇到这样的人，你会想——他们是怎么变成这样的？”

这句话戳中我的原因是，我知道自己是一个空心人。表面上我举止文雅，能给人留下一个好印象，让人觉得我是个正常的成年人，有时还不乏幽默感，但也仅限于此。我的内心空空荡荡，一无所有，就是一个空壳。虽然这是一具漂亮的空壳，但毫无内容。如果我当时的朋友读到这一切，他们会感到惊讶，甚至有些怀疑。“她没有那么糟糕啊，”我猜一些人会说，“她没有那么悲伤。”然而，事实是，我在与焦虑共存多年之后，已经精于掩饰。我会隐瞒、掩盖实情，使用繁复的借口拒绝参加一切可能让自己受惊的活动。如果你经历过惊恐发作，你会知道，那种感觉就像是全世界的人都在看着你发作——就好像你是一辆号叫着的红色消防车，驶进了一座安静的图书馆里。但在现实中，你就像一只在水面上平静游动的鸭子，激烈的活动全都发生在水面之下，你的脚掌在快速划水、踢动。

你可以做一些事情，好让自己看起来不只是一个空壳。对我来说，这件事是爱情。他是一个聪明、可靠、善良的男人，我有的问题他都没有。（这又是一个疯狂的想法——每个人都有问题，每个人都有奇怪之处，当然他也有。）而且他对我的兴趣终于更大了。在经历了三个月固定约会后，他终于向我求婚了。而我彻底陷入了恐慌。当然，这正是我想要的结果——一段正常的感情，赋予我自身缺乏的力量和人格。如果我不能成为一个全面发展的人，那么另一个人可以弥补我的缺陷，让我成为正常人。但是决定做得太快，一切都显得冲动，以至于面对他的求婚，我说不出话来。我答应了他，然后坐上公交车回家。一回到家，我立即号啕大哭，希望妈妈能给我安慰（她说这是正常的——好吧，妈妈）。但是接下来感觉如何？没有别的感觉了。

焦虑最大的问题之一是，它让你不确定什么是非理性的担忧，什么是合理的担忧。一旦你知道自己患有严重焦虑症，你会习惯把大部分糟糕的表现归因于这种心理疾病。当我感到虚弱、饥饿、寒冷、瞌睡、胃痛、想哭时，通常都能意识到“我又恐慌了”，而不再以为自己中风了。我愿意相信奥卡姆剃刀定律——最简单的解释通常是最好的解释。当你不再直觉地相信一些事情可能会出问题，会有一种奇怪的感觉。你永远不知道焦虑的背后是否隐藏着一些严重的问题，而症状正是由这些问题引发的。焦虑是狡猾的，它会根据你忧虑的内容伪装成其他病症，只有你想不到的，没有它做不到的。现在我的背部疼痛，我的大脑乐于针对这一症状编造出种种复杂的理论。只是背痛而已，事实上全世界的人都有这种症状，但我的大脑偏偏引导我相信其他几种稀奇古怪的原因。你可以想得到，医生们很爱我——我去看医生的次数非常频繁。

各位，千万不要在网上搜索健康问题，结果只会让你相信自己患上了某种热带疾病——网上到处都是这样的信息：人们被专家诊断为焦虑症，但他们仍然担心症状可能代表着癌症、糖尿病、精神病，或是各式各样其他病症。在他们内心深处，通常知道症状是由焦虑症引起的，但他们仍有疑虑。他们的行动是在表达：是的，我可能得了焦虑症，但担忧仍在继续。在不忽略直觉和感受与不被直觉和感受误导之间，你必须找到一个平衡点。我尚未精通此技。

因此，当我对结婚感到极度焦虑时，我并不知道，这份焦虑是长期以来的焦虑症所致，还是我的大脑在友情警告我这个主意不妙。我花了很多时间想这个问题，但我实在想不明白。我从不曾尝试理解焦虑的运行机制；而且对大脑的这两种工作方式，我都不信任。有时候我确定一切都好，这种担忧是非理性的；另一些时候我又相当确定，这段爱情并不正确。我真的无法向任何人解释这种矛盾——木已成舟，每个人都喜欢我的男朋友；我正处在“适婚年龄”；而且，我实在没有理由在此时破坏我的生活和这段爱情承诺给我的安全感。此外，我可以做出推论：无论走哪条路，都会有问题。

于是我们结婚了。我用了一段时间去适应这一事实，而且我真诚地对婚姻做出了承诺。虽然事先注意到了一些值得警惕的问题，但当时我的自我评价很低，就默默忍受了。如果是现在，我绝对不会允许那样的事情发生。顺便说一句，婚礼很棒。如果你有一个很好的伴侣，并且希望穿上好玩的礼服，那我强烈建议你举行婚礼。婚礼当天场面盛大，觥筹交错，气氛轻松。我的狗也参加了婚礼，大家吃掉了可能有一吨的提拉米苏。我不太了解如何筹办婚礼（事实上我一无所知），但是那一天确实很有趣！有朋友、家人和音乐，每个人都说你看起来多么美丽。想想那种场面。如果你举行婚礼一定要邀请我，我还是喜欢这些事情，虽然我自己的婚礼最后成了一个巨大的不祥之兆。感谢上帝，婚礼是在下午举行的。没有人希望上午 11 点喝香槟，晚上 11 点醒来。

事实上，婚礼当天我一点也不焦虑。我会在无聊的星期天焦虑，但显然不会在结婚那天焦虑。在这天以前，我已经被矛盾的念头搞得精疲力竭。我的大脑是头巨型怪兽。待到我们出发去度蜜月时，我还在想，也许我可以从婚礼这场喜剧中全身而退。但是没有！我在新婚之夜失眠了，我感到迷茫、神志恍惚、怪异。人们看起来都很奇怪，我发誓我感觉到地板在动，周遭的色彩在消退。一切都没有好转。在准备婚礼的过程中，我一直生怕食物、化妆品、染发剂等引发过敏性休克发作。这些忧虑就像疯狂的念头一样消耗我的精力。（比起无聊的情景，非理性思维似乎对令你感到吃惊和不安的新恐惧更敏感。）我花了很多时间用奇怪的方式吸气吐气，以确定我还可以呼吸。我被一只蜜蜂蛰到，爆发了严重的惊恐发作，只好睡了三个小时。我的蜜月充满愚蠢又令人同情的惊恐时刻——虽然我一如既往，却不曾大声表达。最严重的是，我觉得自己随时可能晕倒，发生解离体验。我的新婚丈夫看起来就像一个陌生人，而我像一个机器人。这多像一个奇异的爱情故事的开头，对不对？

蜜月快结束的那天，在一条繁华的商业街上，我哀求丈夫不要离开我去买咖啡。不是因为新婚太过甜蜜，我与他难舍难分，而是因为我太害怕一个人留在公共场所。29岁，新婚宴尔，有一条狗和一名丈夫，未来可能还有一份退休金的我，无法独自待上两分钟。这就是前半生一直被焦虑症困扰，却一直忽视它的后果。我感到自己很可悲，我确定他也是这样想的。

一些人热衷于被他人需要，他们的主动会让人产生一种错觉，“有他在，我变得强大了”。但焦虑症患者不需要这样一个人，事实上，所有人都不需要这样的人。你越是希望其他人支持你、保护你，你的大脑只会越害怕。大脑会向你传达一个信息：“看——就连你爱的人都认为对你来说生活是可怕和危险的。最好待在原地，不要出门冒险。”

焦虑症还会引发另一些人对你的差别对待。一些人告诉你要振作起来；一些人觉得你可能会崩溃；一些人告诉你他们也总是忧心忡忡——你知道他们在努力寻求与你之间的共同点，所以只能点头微笑。（你是否曾经哭着担心你会杀了自己的妹妹，只因为没有正确地走在人行道的横线上，所以点燃了恶魔的怒火？我妹妹当然没有问题，是我的脑子又出毛病了。好了，你可以继续对我说你坐飞机的时候也感到心神不宁了。）

告诉你，曾有一个男人知道我惊恐发作时竟然勃起了。想想这个场景！他因为别人的恐惧而勃起，还试图用拿起我的手去摸他的小弟弟，好像我会因此感到荣幸似的。我实在想象不出，还会有谁对别人的焦虑症做出比这更糟糕的反应！如果你知道，请告诉我。

总之，我被边缘化了。避开那种人。不要让那些错用爱意或寻求良好自我感觉的人鼓励你的焦虑。很多人都会做这样的事，这太糟糕了。学会识别这些信号，早点离开为妙。

当然，你只听了我的片面之言。但我说的是实际情况。我爱他，我以为一切都会变好。我已经下定决心，不管发生什么，我们都要坚持到底。我是个隐秘的空心人，然而，这个秘密越来越难隐藏。一个害怕走到马路尽头的超市的人，很难答应长期的计划。我一直提到这个超市，只因为它是我深陷困境的一个重大标志，而不是因为他们付了我广告费。

我们将就着过到了圣诞节，然后感情就开始破裂了。也许我们早已不再相爱，但意外事件带来了更大的压力。我丈夫发生了一场可怕的车祸，我们两人都被吓到了，他因此有了心理创伤。虽然身体没有受伤，但他变得自我封闭，情绪低落，平时的好脾气也消失不见了。

他坚持认为自己很好。我看到事实并非如此，但我也没有提供帮助。我以为他的悲伤是暂时的，最终会过去，但我错了。在一次周末旅行途中，负面情绪终于集中爆发了，在一家使用纯银盘子的高级餐厅里，我痛哭流涕，请他对我好一些。我一遍又一遍地请求他。我自私地认为，在关系中受伤的只是我，我太过天真，总以为在关系中只有自己需要得到照顾。他也需要帮助，但是，就像很多发现自己有抑郁或焦虑情绪的人一样，他不会选择主动求助或者公开讨论。没有人是“坚实的”，没有人完美无缺，而我在愚蠢地寻找一个似乎比我更有掌控力的人。结果，我找到的这个人也有脆弱和忧虑，而我什么忙也帮不上。

所以这个时期我们都很痛苦。他没有意识到我有多害怕，我也没有意识到他可能陷入了自己的黑暗之中。他不愿意谈论，或者说不知如何谈论，而我不希望在卧室里引爆情绪的矿井。因此我们继续在婚姻中彼此瞎猜，与此同时，我变得越来越焦虑，他变得越来越愤怒，我们俩背对着背睡觉。

这时候，我的恐惧症发展到相当严重的程度。我经常被侵入性思维袭击，还有过一次惊恐发作。我不能乘坐公共交通工具，不能进城，也不能尝试新事物。我的大脑陷入了熟悉的怪圈，所有的痛苦都汹涌归来，我只得请假两星期。我不知道为什么又出现这种情况，我很愤怒。我没意识到导火索是什么，然而，不久之后状况就变得清晰了。我的婚姻破裂了。

我最近读了一篇前阿森纳足球运动员托尼·亚当斯（Tony Adams）的采访稿，他说他的婚姻之所以顺利，乃是因为他和妻子彼此不需要对方。他们相爱，但他们作为独立的个体都很优秀。他们自由选择生活在一起，不需要来自对方的支持、金钱和保证。他不再需要被另一个人支持。我现在理解了这种方式。我把爱和需要混为一谈，我一直在寻找安慰，结果我却变得越来越冷酷、淡漠。这可能是我应得的。

我丈夫离开的那天，是我去见一位新治疗师的第一天。是他坚持让我去见治疗师的。我满怀希望地回到家，带着纸杯蛋糕和气球，打算为他庆祝生日。我本打算告诉他，我觉得事情会好起来的；这位善良的治疗师已经向我保证，通过治疗我可以摆脱焦虑，成为一个更好的妻子，一个更好的成年人。而他坐在桌子旁，拿着纸杯蛋糕却没有吃，对我说他要离开我。我已经描述过当时的感受了，我哭着恳求他不要离开，但毫无作用。原来，他早就打算离开我了，几星期前就找好了落脚处。他做出了选择，而我别无选择，只好挽留他。我记得他对我说的最后一句话是："我们不该结婚的。"有一个瞬间，我真的无法呼吸了，就像一部糟糕电影里的情节。连我的狗都哭了。然后我丈夫走了。

这是一次彻底的羞辱。我们的婚姻失败了，但主要是我的失败。原因有很多，比如人际关系太复杂，人性太混乱；但我把主要的原因归咎于焦虑症。我觉得它污染了我的人生。

地球上的每个人几乎都经历过一次糟糕的分手，而我并不擅长处理分手时伴随的焦虑情绪。面对最初的伤痛，我的应对方式和大多数人一样，尽管我不太记得前几周发生了什么。我没有从振奋人心的名言中获得鼓舞，也没有听富有力量、能带来希望的音乐，我只记得我长时间躺在地板上。（也许只是为了确保不再发生无常的变化。）

有趣的是，在接下来的日子里，我没有感到焦虑。我产生了许多其他糟糕的感受，包括愤怒和悲伤，但占主导地位的不是焦虑。一切都糟糕至极，反而带来一种反常的解脱感。我产生了一种几乎无所畏惧的感觉——没什么好在乎的了，也不必担心会失去什么了。事实证明，婚姻使我的人生变得更糟，而不是更好。我突然有种坐立难安的感觉——我想做点什么。我不是贝尔·格里尔斯（Bear Grylls）或阿梅莉亚·埃尔哈特（Amelia Earhart）①，所以我没有去进行精彩、勇敢的全球冒险，我只是开始跑步。

我第一次在巷子里跑来跑去，主要是由愤怒驱使的。我想要激烈地冲破大脑的桎梏，但没有更好的办法。我刚刚能够工作，就希望尽快动起来，而不是以尖叫或拳打脚踢的方式泄愤。

---

① 贝尔·格里尔斯，探险家，《荒野求生》主持人；阿梅莉亚 · 埃尔哈特，美国女性飞行员，女权运动者。——编者注

事实证明，我跑得很慢，但仍然体验到一些新的感受。我气喘吁吁地跑完三分钟，一瘸一拐地回家了，感觉在某种意义上已经达到了目标。我的身体很难受，但我暂时抛开了头脑里的念头。自从我丈夫离开，我就陷入了一个痛苦的怪圈，跑步让我从那个怪圈里跳出来，做一些不同的事——除了我没有其他人知道的事。

有时候，当你面临绝境，只需要做一件事就可以改变现状。当你处在如此低潮时，一个小小的改变也能带来一丝希望。我四处询问人们在艰难时期尝试做过什么事情，得到了一系列答案。一些很有趣，一些显而易见，一些简直古怪。看电视剧是人们最喜欢的事之一——一遍又一遍看《白宫风云》（*The West Wing*）（我推荐这部剧）。阅读也可以——书籍、杂志、报纸。集体练习效果也很好，跟一群初学者一起学习一种乐器，或者学习编织老式的针织图案。一位前同事志愿为多个慈善机构和组织服务，他把所有的时间都用来照顾别人，以至于无暇忧虑自己的问题。烹饪似乎也很受欢迎。一位回答者告诉我，她每天吃马铃薯片，直到她感觉好些为止；另一个人把所有的鸡肉食谱做了一遍。一个陌生人在社交媒体上发布的照片让我注意到，他在崩溃后开始摆乐高积木，取得了令人惊叹的成绩。陶器是另一种爱好，雕刻陶土，创造物品。创造，而不是毁灭。

人们还跟我讲过更大的挑战——去喜马拉雅山旅行、静修、报名参加终极马拉松。我佩服这些挑战，但望尘莫及。但大部分人都提到了体育运动。长距离散步，没有目的地，也没有固定路线——正如一位朋友所描述的那样：“走路！漫无目的地走下去，一个小时接着一个小时，别撞到别人就好。在长凳上休息，如果天气晴朗，闭上你的眼睛，让阳光温暖你的脸。”瑜伽可以集中精神，放松身体。拳击可以释放肾上腺素和愤怒。还有跑步，很多人提到跑步，所以我的选择不是很有创意——但我显然也算是有所作为。

生活没有变化，我继续工作，继续在厕所里哭泣。有时我不得不向别人解释我已经离婚，在看到他们的表情时，我习惯性地逃开。我会给我的丈夫打电话，问他是否改变了主意。（剧透：没有，永远不会。）我把他所有的东西都收拾好，狗在一旁小心翼翼地看着。我一边号啕大哭，一边胡乱把他的衬衫塞进袋子，把书塞进旧纸箱。等他来取这些物品时，我发现他的结婚戒指已经不见了。这说明他早就想离婚了，只是我没有注意到。我很惊讶，我们总是拒绝看到现实。我可爱的妹妹来看望我，在我家待了很长时间——我都没有注意到，她差不多搬到我这里住了，她早上叫我起床，让我淋浴，让我吃饭。我无法忽视分手这个事实，也无法忽略长期积累的焦虑，但每天我有几分钟时间可以摆脱它们：我穿上旧运动鞋，天黑后偷偷溜出屋子，来到第一天跑步的小巷。

我一直从最初的起点开始跑步。我一直听着同一首歌。每一次尝试，我都气喘吁吁、笨重如牛。但我注意到我跑得更久了，停下来的次数更少了，我甚至会跳过那首我一直依赖的可笑的愤怒之歌，换另一首歌听。

我也注意到身体发生的变化。我睡得更好了。此前，妹妹睡在我身旁的时候，我盯着天花板，从她的呼吸和温暖中获得点滴安慰，以此确认我没有丧失一切。现在每当出现一个侵入性念头或片刻的恐慌，我不再会被肾上腺素的洪流冲昏头脑。早上醒来的时候，我也没有哭泣。我进步了！嗯，算是吧。

但我没有认真思考这一点。我每天都觉得很累，只有站起来去上班的力气。我确实没有认真考虑如何长期减轻我的忧虑，或是寻找一种万灵药，但我还是注意到，夜间慢跑正在减轻婚姻破裂给我造成的压力。

在开始跑步的第4个晚上（当我提到跑步，有时会觉得自己是个骗子，因为在这个阶段，我几乎只是在大口喘气），我跑到了小巷的尽头，却没有停下来。这对一些人来说似乎不值一提，但对我而言意义非凡。我非常害怕独自外出，跳出我的“安全区”，以至于跑出小巷对我来说相当于到新西兰旅行。我出现在一条主干道上，小心翼翼地继续前行，深信每个过路人和司机都会嘲笑我缓慢的步态。刚开始跑步的人常有这种恐惧——你确信你身后有一个灯标，上面写着“我是新手，我跑得很糟糕，请嘲笑我吧”。

我唯一可以告诉你的是，事实并非如此。我从来没有注意到你们中的任何人——无论你是新手还是厉害的短跑运动员。如果我对你投以关注，只是因为我惊奇于你真的希望从沙发上爬起来开始跑步。你必须抛弃那些杂念，相信我：大多数人的眼睛都不会离开他们的手机。（相信我，如果你开始跑步，这将是你面临的新问题。以后会更加严重。）

人们无动于衷，没有人惊恐尖叫。而我也没有因为恐惧昏倒在地。那天晚上，我多跑了 5 分钟，回家时兴高采烈，感觉就像跨越了一个从我记事起就一直存在的障碍。

从那天晚上起，我觉察到了内心的变化，一个微小的，几乎不可察觉的变化。现在我知道，那一定是希望。我制作了跑步时听的播放列表，用激进和快节奏的音乐自我激励。我翻阅跑步论坛，看到有人出于兴趣随随便便跑了 20 英里，我惊讶极了。趁着没有打退堂鼓，我在网上浏览了跑步教练发布的内容，对关于跑步的丰富多彩的选择印象深刻。

与此同时，每天晚上我都穿上那双老旧的运动鞋走出家门。每一次，我都会跑得更远一些。肺部火辣辣的，皮肤疼痛，每一分钟都痛苦难挨。但在一星期之内，我每次都跑了 10 分钟。单纯的固执带给我力量，我不会退却和放弃。即使不知道为什么这么做，我也会继续跑下去。

根据伦敦大学学院一个研究小组所做的研究，要养成一个新习惯并坚持下去，平均需要66天的时间。[70]你需要在相同的环境中，持续不断重复同一个行为。严格地说，我不认为跑步可以被称作一种习惯，但我无意中使用了这种方法，建立了一种新的活动方式。如果你希望开始跑步，坚持66天可能会有好处。因为我经常听到人们不假思索地说他们“讨厌跑步”，我以前也这么说过。但是，由于我从未真的跑过步，所以这个借口是站不住脚的。你讨厌的不是跑步，你只是觉得无聊、不舒服，或者太冷。但所有这些障碍都可以用时间、方法和装备来解决。坚持66天后你会有所领悟……

在小巷跑步的第二周，我的腿开始灼痛。每次脚掌落地时，小腿都会感到一阵疼痛，这让我在整个跑步过程中处于畏缩状态。我猜想，也许这是跑步的正常感觉。也许这是我有所进步的标志？当然不是。我立即在谷歌上搜到了原因，这是胫骨疼痛[①]。可能是因为我穿的运动鞋不合适，毕竟它们已经在鞋柜里待了8年了。也可能是因为我跑得太快，脚掌着地的姿势不正确。顺便说一句，到现在我也不知道我脚掌着地的方式是否恰当，但当时我没有因为小腿疼痛停止跑步。我妥协了，来到一

① 胫骨疼痛表现为小腿疼痛肿胀，伴随着肌肉或骨骼发炎，通常在运动员身上出现。——译者注

家专业的跑步商店。当你第一次迈进这类商店的大门，会体验到一种荒谬的恐惧感。这里有穿着紧身裤的精瘦的人体模特和能量饮料的广告，以及大约800万双不同类型的跑鞋。当我想要转身离开时，看到角落里有一台跑步机。当店员帮你试穿合适的跑鞋时，会让你登上跑步机，为你拍摄视频。于是我留下来，在机器上笨拙地跑了一会儿，然后把一双价格不菲的带着霓虹灯的跑鞋买回了家。我把钱花在我的跑步实验上，我在给自己投资。

作家查理·布鲁克（Charlie Brooker）曾描述过他几年前开始跑步的经历。[71] 他也经历了令人恐惧的选购跑鞋的时刻——要么进去，要么离开。“我终于入手了一双像样的跑鞋，把那双糟糕的运动鞋替换掉了。一旦开了头，我又买了奇怪的运动短裤。不是一条而是好几条……我简直受不了自己在镜子里的样子了。”

武装了合适的鞋子，等胫骨疼痛缓解，我又回到那条小巷。每次想打道回府，我便跟自己讨价还价，让自己再多跑十秒钟。每当我跑到一条新路上并感到紧张，我会告诉自己，随时可以原路返回。就这样，我开始向世界靠拢。如果是以前，我根本不会到商业街去，因为我会恐慌，而现在我正在这条路上慢跑。

我发现自己重新认识了这个街区——我惊讶地发现了一座以前从未注意过的桥；一个小巷里隐藏着好几家救济所。我开始注意到熟悉的面孔——几位推着婴儿车的妈妈出现在附近的咖啡馆里；有人在消防站外喝苹果酒；地毯垫老板在门外的马路上仔细修理他的货物。在自我封闭的大脑里折腾了好几年后，我终于开始向外看了。跑步让我能够暂时摆脱忧虑，获得休息。跑步的时候，我集中精力，避免摔跤或撞上一位推着购物车的老太太，以至于没有时间恐慌。

即使感觉到过去熟悉的焦虑迹象悄然出现，但由于身体在跑动，我便不会被焦虑所掌控。跑步的动作自有节奏，规律地迈腿、摆动手臂产生一种慰藉人心的效果。手臂从一侧摆动到另一侧。一步接着一步。身体前倾。这是一种催眠。我习惯了有意识地呼吸，吸气、呼气的过程变得自动化。即使有疼痛感，呼吸仍在继续。跑步的我需要氧气，这意味着我没有时间去担心我是否能呼吸，喉咙是否紧缩。我对待自己强硬了许多。跑步的时候，我不会在乎身体的刺痛，肾上腺素的上升，也不会在意心中冒出的负面念头。在我清醒的时候，负面念头一直控制着我——除了每天跑步的这几分钟。

我丈夫离开后的一个月里，我痛哭流涕，把所有能找到的酒都喝光了；我使劲抽烟，仿佛足足老了十岁；我跑得更远，超乎自己的想象。我在倾盆大雨中奔跑，在黑暗中奔跑，在喝醉、疲倦、哭泣或狂怒时奔跑。有时候，我在所有这些痛苦一并降临的时候奔跑。我买了跑步鞋，还下载了一个跑步软件。我第一次感觉到，自己能长时间控制一件事，不管这件事多么渺小。

跑步的时候我不需要依赖他人，也不会觉得自己是个软弱的失败者。我并不精通跑步，但我已经成功地养成了一个习惯。我痴迷于跑步。

5 km

令人
望而生畏的
运动

这天，我跑了两次，但感觉都不好。跑步的时候，我没有任何目标，只是为了逃避，希望借此控制情绪，让自己休息一下。从我受到糟糕经历的刺激开始跑步到这个时候，才过了8个月，然而，更糟糕的事情发生了。一位亲友去世了。“亲友”这个词平淡而缺乏感情色彩，但我该如何称呼她呢？她自称是我的第二位母亲，她给我提供机会，在我做错事的时候训斥我，养育我长大成人。她甚至会把我关在厕所里，直到我向她解释清楚她听说的流言蜚语。她会在我身后叫住我问：“那人是谁？我希望认识他们。”她在去世之前已经病了很久。然而，当她真的离开了我们，我体验到一种荒谬感。死亡留下的空间就像小行星撞击留下的陨石坑——焦灼、深邃、猛烈。所以我一直在跑步。无论是早晨还是夜晚，只要悲痛袭来，而我觉得自己即将崩溃，就会开始跑步。我没有任何兴奋的感觉。事实上，我跑得太远太快，流了很多汗，浑身疼痛。但身体的疼痛要好过坐在那里思念继母的痛苦。我不想沉溺在痛苦中无法自拔，因此我一直跑上海格特山，直到刺痛的感觉让我的身体颤抖才停了下来。我在黑暗中坐在长凳上，等待呼吸恢复正常。然后我继续跑下去，因为我不想回家，不想哭泣。还因为她是我见过的最坚强的人，所以我现在不能停下来。我还不知道如何处理这样的悲伤，但在这个雨夜，至少，跑步是一种尝试。

最近几年人们对运动的兴趣猛增，因此，跑步的你不会受到谴责。与生俱来的运动欲望催生了众多健身机构，如 Tough Mudders、Barry's Bootcamp、CrossFit Crew，以及更专业的 Spinners。每周都有一种新的运动方式被热烈推举为最佳运动选择——一种防止肥胖、骨质疏松、心脏病和抑郁的绝妙方法。其中一些运动造成的“对比效应”让我觉得不舒服——当你可以选择骑行 12 小时，或是在高温房里做瑜伽，那么，一场慢悠悠的散步显然不够专业。

《英国体育》提供的数据显示，虽然有 60% 的成年人（2 700 万人）每周的运动时间满足专家建议的 150 分钟，但同一时期还有高达 26% 的成年人每周运动时间不足 30 分钟。[72]

2014 年至今，受财政紧缩政策影响，政府关闭了数百个运动场。同时，地方议会也执行了预算削减政策，关闭了大量公共游泳池，并减少了其他体育设施。这些政策的影响很大。研究表明，在财政紧缩时期，参加体育运动的人数明显减少。如果你附近的公园无人维护，日渐荒芜，你能到哪里做运动？更糟糕的是，这些场地还可能变得危险。我并非言过其实：2017 年，下议院社区和地方政府委员会认为，英国公园数量“处于临界点”，称“如果公园的价值及其潜在贡献没有被认识到，后果可能非常严重”。[73]考虑到金钱和时间，不是每个人都有条件去健身房锻炼。尽管官方建议告诉我们运动非常重要，但显而易见的是，我们并没有提供各方面的条件，让人们方便地外出运动。

阻止人们运动的不仅是有限的资源或私人健身房常见的高昂费用。我有时会担心，人们对运动的看法遭到了扭曲，因此，人们彻底放弃了运动。我越发感到，至少在英国，运动被“高雅化”了。过去，体育运动被视为一种有强烈男子气概的事——让人联想到泥巴、睾酮和疼痛（疼痛本身是令人讨厌的）。然而，现代的运动者形象似乎已经走向一个相反的极端——以至于把我们大部分人排除在外了。我觉得现在的运动类图片上通常都是圆润、光滑、富有的白人形象，这让人感到沮丧。Instagram 和其他社交网站并没有改善这种审美——无论是腹肌明显的苗条女性照片，还是二头肌发达的男性照片，网民们都已见怪不怪。现在，人们认为在附近的游泳池里游个泳是远远不够的（当然，我的意思是在这样的文明世界里），你必须加入一个鼓吹拥有自己的营养体系，同时推广一种令人困惑的乳清蛋白健身法的健身机构。

在美国，由 SoulCycle、Barry's Bootcamp 和 CrossFit 提供的高端健身课程长期受到追捧，这些课程在英国也受到欢迎。在一些需求较多的地方，课程的费用高达 40 英镑。如今，人们不仅会评判你所选择的运动项目，而且，运动休闲服饰的流行意味着你要配备比日常服装更昂贵的运动装——据说它们拥有物超所值的银线材质、吸汗功能、加速功能等。有一次，我几乎看中一条长裤，据说这条裤子能在跑步时分解我的脂肪。会有效吗？如果你知道请告诉我。（我开玩笑的，我知道没用。）现在每条像样的商业街都有一家时髦的运动商店，以防你以为穿着一件旧 T 恤和一条松松垮垮的裤子就可以去运动了。

这一运动形象的全面改变与当前兴盛已久的“清洁饮食”潮流密切相关，这种饮食理念鼓励人们减少从前的主食，如糖、麸质和加工食品。这场运动因其薄弱的科学基础和有损健康的方法而招致诸多批评，以至于该运动的倡导者很快转而谈论“健康”——一个模糊得多的术语，大意是让你以直觉倾听身体的需要。然而，奇怪的是，这些理念的宣扬者仍旧是那些瘦到不可思议却依然容光焕发，曾经警告你不要吃意大利面的漂亮女孩。表面上，她们所有人都在宣扬一种“不评判”的态度，一切都是允许的，然而，她们的理论背后隐藏着秘而不宣的信息：对他人运动权利的剥夺，高人一等的态度，以及对肉体形象的推崇。（至少对我来说是这样的。）

忘记昔日的健身和时尚杂志吧。如果你关注到人们对身体的不合理期望，很容易就可以放弃阅读这些杂志。如今，几乎所有人或多或少都在使用社交媒体，其中充斥着身材健美者在健身房里的自拍，他们炫耀自己的腹肌，或是展示体重训练的过程。我十几岁时害怕运动，觉得自己会遭到拒绝，同理，我怀疑如今这些新的运动潮流和形象会使得原本想要运动的人对这件事敬而远之。如果你认为自己的身材不好，或是交不起 30 英镑的课程费用，那你从何开始呢？如果你的健康水平处在谷底，就像我几年前一样，你可能容易相信，你根本无法开始运动。你和人家根本不是一类人，所以干脆连试都不要试。

每当我浏览 Instagram 网页时，即使我刚刚跑完步，正在志得意满之际，但当我看到一位美丽柔韧的女子举起与自己体重相当的重物，或是在晒早餐时假装不经意地露出腹肌，我还是会受到一些打击。她看起来太轻松、太开心、太自鸣得意了。而我甚至还没有开始锻炼六块腹肌，按说我不该感到心烦。然而，这种信息确实会让你容易产生失望情绪，或是怀疑自己不够努力。2017 年，皇家公共卫生协会对 1 500 名 14 岁至 24 岁的年轻人进行了调查，结果表明，4/5 最受欢迎的社交媒体平台对心理健康有负面影响。[74] 其中 Instagram 是最具破坏性的，大概是因为用户很容易通过照片自我炫耀，引发他人的自卑。2016 年的一项研究支持这一假设，这项研究发现，人们看完 Instagram 上“健身类”图片后，自我批评的倾向会加重。[75] 这是一个显而易见却糟糕的发现。那些声称要用自己的身体激励我们的人，使我们感到畏惧和沮丧。但我们确实受到了影响，我们的身体不再参与运动。当我们看到的身体形象都经过了高度美化，如此柔和，如此难以企及，我们还能做什么？

玛丽安告诉我，她十几岁的时候曾作为郡里的代表参加体育比赛，但随着年龄的增长，她对自己的身体越来越没有自信。“我越来越不确定我想要什么样的身体，这份迷茫让我感到痛苦，我不知道这是否正常。我完全停止了运动。用身体形象定义自己是一件如此痛苦的事。由于缺乏一个主流的社会故事或形象作为依据，让我可以定位自己，为自己的经验赋予意义，我极少再做运动。”

无论对错，在一些人看来，主流运动方式适合的人群似乎太狭窄了。在玛丽安看来，可选的运动被简单粗暴地划分为两类，而这毫无益处。“我经常会有这种感觉，一个人要么选择‘女性’的运动，要么选择‘男性’的运动。我做的是女性运动，穿着女性的衣服，用一件漂亮的阿迪达斯胸衣展示我女性化的身体。女性可以选择的运动服装仅限于紧身衣和小号码。如果仅仅因为自己的身体特征就要承受某种痛苦，那么，穿上衣服出门锻炼确实会让人感到为难。”（这里还没有提到产生心理疾病并发症的风险。）

我们让玛丽安这样的人失望了，这是整个社会的极大耻辱。因为每个足够幸运的人都应该有更多运动机会。如今我们可能比以往任何时候都更需要健康，我们需要预防心脏病、糖尿病，甚至痴呆症。根据联合国粮食及农业组织的数据，1/4 的人类处于“肥胖”状态，这些数字与社会贫困息息相关。[76] 这样的统计数据应该足以促使人们开始锻炼，但事实并非如此。顺便说一句，你有保持肥胖的自由或运动的自由。超重者的形象很少出现在积极的广告宣传活动中，也很少受到注重身体形象的社会文化的欢迎。一位肥胖的跑步者妮古拉告诉我，当她告诉别人自己在跑步时，“人们看我的眼神就像是我疯了一样。我受够了。难怪人们害怕开始跑步”。

由于社会缺乏包容和友好的鼓励人们运动的空间，一些人士发起了“积极身体运动”。这一倡议源自20世纪60年代的“接受肥胖运动”，在20世纪90年代由康妮·索布查克（Connie Sobczak）和德布·布加德（Deb Burgard）发扬光大，力求发展成为包容、多样化和跨地区的团体——为身体欢庆并不总是被社会接受或赞扬。这项运动的一个目的是传播一种理念：健身应该是愉快、有乐趣的，而不是一种惩罚或为了减肥。如果你对这种理念感兴趣，可以在一个很棒的网站上找到距离你最近的健身老师。而且这个网站涉及的运动范围很广泛：瑜伽、拳击，以及任何你感兴趣的项目。你可以在本书的后面找到这个网站。

因此，人们对健身的观念——特权的、昂贵的、非多样化的、无法实现的——需要改变。除了众所周知的好处，运动还能为你带来强大的精神激励——这一点你彻底了解了吗？它应该被充分认识到。如果人们了解到，运动不仅可以使心脏更健康，还能使心理更健康，也许会有更多人开始尝试运动。如果运动不令人望而生畏，也许会有更多人加入运动的行列。

我 20 多岁的时候，有几段时期严重超重，当然，那时我还没有找到合适的运动方式。当我连商业街售卖的衣服都穿不下时，也不大可能被健身市场的宣传形象所吸引。事实上，那些健美的身体让我望而却步。我觉得自己不可能变成那样，而且我没有意识到，让自己感觉更好比看起来更苗条重要得多。运动令人畏惧。那些笑容满面的金发健美明星跟我没有丝毫共同之处。我很胖，我觉得尴尬和羞愧。主要原因不是肥胖本身，而是我知道，别人会认为我放纵、懒惰、缺乏魅力。这让我更加抑郁，丧失信心。运动与身体有关，而身体对我来说是一个不熟悉的领域。

丧失运动机会的不仅仅是超重者。2015 年的一项研究表明，英国少数族裔的运动量少于白人，其中一个原因是，他们觉得主流运动形式与他们的需求不符。[77] 例如，南亚妇女报告说，她们担心在运动课堂或集体锻炼场地受到种族歧视。信仰伊斯兰教的妇女担心没有适合她们的运动服饰，同时也担心男女混合运动的问题。他们对跑步同样也有顾虑。亚历克斯·伊格尔（Alex Eagle，“跑步”慈善机构创始人）告诉我，他认为“很多少数族裔人群并不接受跑步这项运动，他们认为跑步是中产阶级白人的传统运动”。

与白人妇女相比，亚裔和黑人妇女参加体育运动的人数最少。而在美国的研究表明，这一现象出现得很早：青春期少年的体育活动量大幅下降，其中女孩比男孩的下降幅度更明显，特别是来自少数族裔和低收入家庭的女孩。[78] 2014 年，一项针对人数较少的外国裔女性（包括来自美国和欧洲的移民，以及英国的少数民族）运动情况的研究结果表明，育儿和家务等责任影响了她们的运动量。研究者还指出，文化信仰、社会孤立、缺乏符合该群体文化需求的设施和不安全的邻里空间也是妨碍她们进行体育运动的原因。[79]

造成这种情况的部分原因是人们看到的表面现象——当你在谷歌上搜索健身房，查找运动装备，或是了解国际比赛中的英国运动员代表时，你看到的是谁，看到了什么。这里还没有考虑一个事实：英国少数族裔人群在国家管理部门和体育管理机构的任职人数偏低。[80] 坦率地说，人们被没有反映真实情况的市场打败了。我们必须做得更好。我们不该让任何一个人感到自己受到了体育运动的排斥，尤其考虑到运动对健康如此重要。这就是为什么耐克最近投放的广告备受赞誉，令人鼓舞："没有什么可以打败伦敦人。"这则广告里的 258 名伦敦人在城市的所有地区、在各种各样的天气里运动。请展示更多这样的情景。

对身体有残疾的人来说，运动的挑战性可能更大。《英国体育》的一项调查显示，只有 18% 的残疾人或限制性慢性疾病患者在周末参加运动。[81] 健身房会让他们望而生畏。然而，英国国家医疗服务体系为残疾人提供了很好的运动建议，慈善机构 Scope 也提供了相关工具，可以帮助残疾人选择能够满足个人特殊需求的运动项目。[82]"运动联盟"（Activity Alliance，曾名英国体育残疾联合会）的网站上有一个功能，可以帮助残疾人找到附近合适的健身房。[83]

本书后附有网站链接。

人们可能会反感运动，特别是女性。原因有很多。但是，正如“女生也可以”运动努力宣传的那样，运动不是为了变得苗条，或者让你变成养生派。你甚至不需要擅长你选择的运动。运动可以带来其他更有意义的影响：身体健康、心理健康、成就感、社交功能、减压时间。正如相关研究表明的那样，人们通常认为男性的“爱好”是积极的，而女性的爱好是“浪费时间”，是自私和放纵，应该放弃。

运动是我们的天赋使命。我们的肌肉天生是用来劳作的，我们的手臂和腿（如果我们是身体健全的幸运儿的话）天生是用来运动的。但是相反，我们常常把运动看作是与我们完全不相关的事——要么为了某些好处被迫运动，要么把运动精英化和严肃化，要么把运动看作强健身体的工具。我们不认为运动是一项日常任务，就像刷牙一样平常。然而，我们应该用日常化的眼光看待运动。

我运动的目的是为了心理健康，但这并不意味着我不欣赏运动带来的附加益处——运动让我能够轻松地爬上楼梯；跑完步我可以吃一顿丰盛的早餐；和男朋友宿醉后一起在公园里慢跑。它不花一分钱，也不需要昂贵的装备，也不要求我只吃大豆和杏仁。

你可能会觉得我有些自鸣得意了。也许吧，但我真的不是故意的——你要记得，在我生命的头 30 年里，我的运动量是多么少。直到现在我才有规律地运动，因此当我看到有人无法运动的时候，我着实为他们感到悲哀。我浪费了多少年时光，不曾为我和我的身体创造内啡肽、高峰体验和运动时间。当然，这有可能是我的偏见，但我认为你不需要参加一套包括轮滑和举重的复杂健身课程——当我们的身体能奔跑的时候，为什么要重新发明那些轮子？

消遣性跑步的历史和人类的历史一样长。2 700 年前，古埃及人就在奥运会上跑步了。但在历史上的大部分时期，跑步并不是时尚的运动。[84, 85] 作家兼学者维巴·克雷根－里德（Vybarr Cregan-Reid）写了一本精彩的书，《脚注：奔跑如何让我们成为人》（*Footnotes: How Running Makes Us Human*）[86]，书里写道："在人类历史上，体育锻炼出现于充满各种社会不公的危机时期，希腊贵族之所以发明健身的方法，是因为他们意识到，必须保持健康的体魄来应对战争。后来，体育锻炼的概念在几百年间销声匿迹，直到 19 世纪才又被提及。在此之前，人们显然也有身体运动，但没有人会刻意去想：'哦，我需要迈开步子。'因为他们每天的劳作就是运动。"

过去，你很难看到众多业余爱好者像专业的运动员那样穿着色彩鲜艳的莱卡运动服出现在人行道上。1962 年，一位名叫比尔·鲍尔曼（Bill Bowerman）的教练去新西兰，在那里，他受到了新西兰一项运动项目的创始人亚瑟·利迪亚德（Arthur Lydiard）的启发，将曾经平凡的跑步运动推到了历史转折点。回到美国，鲍尔曼写了一本面向大众的小册子，阐释跑步的好处。这本书由俄勒冈州心脏基金会（Oregon Heart Foundation）赞助，并通过俄勒冈州的银行网点推广。书名为《跑步者手册》（*The Jogger's Manual*），于 1963 年出版。这本书大力赞扬跑步这种新兴的健身方式，描述了它令人兴奋的优点。[87] 书中解释说："任何 6 岁到 106 岁的男性或女性，都可以在任何地方跑步。"有趣的是，这本书的结尾写道："祝你慢跑愉快！"很明显，我也要用这句话作为本书的结尾。鲍尔曼通过写作一本以跑步为主题的畅销书，掀起了跑步运动的热潮。他选择了一个相对古老的主题，验证了他的观点，阐明了跑步的益处，而人们听得进去。这本书告诉人们，有一个简单易行的方法可以帮你培养运动的习惯，摆脱久坐不动的生活方式。

鲍尔曼继续与耐克公司合作，20 世纪 70 年代，业余跑步者的黄金时代到来了。自那时起，跑步一直都是运动者的一个热门选择。结果，跑步成了许多学术研究的主题。

这些年来，许多互联网评论家一直在大声告诫我，我不是学者，因此我不能向你讲解这些年来所有与运动相关的令人惊叹的深入研究，特别是关于跑步的研究。但我希望能让你了解其中一小部分，至少以此表明我赞成跑步的观点不是异想天开。许多研究的结果喜忧参半，而且有必要指出，运动并不能为每一个深陷严重恐慌、忧郁悲伤的人带去帮助。没有人会指望一个患有严重慢性抑郁症的人站起来去跑步。这对患者来说，不仅不够体贴，而且没有好处，毫无意义。当我躺在床上，几乎无法动弹的时候，如果有人提议说，跑步会让我感觉好一些，我会迷茫地看着他。我去哪里找到跑步的能量呢？

事实上，至少有一项研究表明，运动对临床抑郁症没有帮助。[88]也许是因为，许多处于严重抑郁状态的人，同时会表现出精神运动性迟滞——头脑和身体反应明显减速，造成一种可怕的感觉：好像行走在黏滞的糖浆里，头脑一片混乱。这将使你几乎无法跳跃和奔跑。

我反而认为，把运动看作武器库中的一样工具会更好一些。当你走出黑暗，在攀向光明的梯子上站稳脚跟后，再使用这一工具。

运动也经常被视作一种预防抑郁的方法。《美国精神病学杂志》在这方面做了一项规模最大的研究，探索运动是否能缓解抑郁症状。[89]研究结果发表于 2017 年 10 月，研究者调查了 33 000 名没有心理疾病症状的人，发现从不运动的调查对象出现抑郁症状的风险比其他调查对象高出 44%。研究表明，如果每周做 1 小时运动，12% 的调查对象可能出现的抑郁症状将得到预防。因此，运动对潜在抑郁有预防效果，但不幸的是，这项研究的结论并不适用于焦虑症。对我来说这很糟糕。

不过，这项研究还得出一个结论，即运动可以为焦虑症患者带来一些心理健康方面的益处。研究表明，当人们起身运动时，皮质醇水平降低。除生理变化外，运动可以改变你的思维。在《为情绪和焦虑障碍而运动：克服抑郁和提高幸福感的有效策略》

（*Exercise for Mood and Anxiety: Proven Strategies for Overcoming Depression and Enhancing Well-Being*）一书中，作者贾斯珀·斯米茨（Jasper Smits）和迈克尔·奥托（Michael Otto）发现，焦虑的人在运动时会出现一些类似焦虑的生理反应——心跳加快、出汗、肾上腺素升高，而这实际上使他们在后来再次体验到这些生理反应时不再那么容易恐慌。[90] 研究人员提出，当把焦虑的生理反应与一些积极的行动联系在一起时，人们对焦虑症状的恐惧会减轻。这对我来说是有意义的——我不再假定出现高心率就是恐慌发作，因此我的恐惧强度减轻了。

另一项研究通过研究压力过大的老鼠（想象一只压力过大的老鼠会让人觉得莫名悲惨），提出了关于运动降低焦虑强度的不同理由。[91] 这项研究发表在《神经科学杂志》（*Journal of Neuroscience*）上。研究表明，当老鼠运动时，大脑中生长出新的、有活力的脑细胞；但当这些脑细胞不再使用时又会消失。研究者采用两组小鼠进行对照研究——“跑步组”和“久坐不动组”。“跑步组”不仅更加自信，有意愿探索周边环境，而且科学家们在它们的大脑中发现了一些新的神经元——使大脑平静的神经元。这些神经元是在海马体中与情绪处理相关的区域中发现的。事实上，运动能使老鼠更好地适应有压力的环境。

“跑步组”老鼠的神经元产生了更多抑制性神经递质 γ-氨基丁酸（简称 GABA），其主要作用是在神经系统中降低神经元的兴奋性。抑郁症和焦虑症患者的 γ-氨基丁酸水平较低，研究表明，运动可以使人体分泌更多此类神经递质。

我写了这么多，但还没有提到跑步者的“高峰体验”（the rush）。我对“跑步”运动的推销效果不好，我会去向我的教练道歉。我在这里谈到的“高峰体验”指的是你在跑步中可以获得的一种混合着痛感和快感的活力。这种感觉很难形容，而且稍纵即逝。过去，它通常被归因于身体激素内啡肽的释放。这些激素与大脑中的受体相互作用，可以减轻你的痛苦程度。最早，许多专家认为这就是为什么你会体验到“跑步者的高峰体验”——它的作用与吗啡相似，但没有那么强烈。使用跑步这种聪明的方式，你不必使用药物就能获得快感和活力。

这种快感可能是人类与生俱来的。维巴·克雷根-里德对我说过：“人类进化出大脑是因为人类不断运动；植物就没有大脑，因为植物制造养分，自给自足。”人类的祖先依赖猎取食物而生（他们猎捕真正的动物，而不是躺在沙发上吃外卖），他们知道，猎捕失败意味着丧命。亚利桑那大学（University of Arizona）的人类学教授戴维·A. 雷希伦（David A. Raichlen）认为，人类与生俱来的求生欲望为加快速度提供了充足动力，随后出现的生理快感可能促使人类跑得更快更远，以捕获猎物。[92] 因此，运动实际上可以使身体更好地应对压力。

对于内啡肽促使跑步者产生快感的假设，有新研究提出了质疑。一些研究表明，由于内啡肽不能从血液传递到大脑（它们的分子太大），5-羟色胺（人体神经细胞产生的一种化学物质）更有可能是人在运动后产生高峰体验的原因。5-羟色胺是影响人类幸福感的四种化学物质之一——其他3种是多巴胺、催产素和内啡肽。

2012年，亚利桑那州立大学的一项研究表明，大麻素（anandamide，被称为“幸福分子”）更有可能是导致跑步者产生快感（即跑步者寻求的高峰体验）的原因。[93] 不幸的是，大麻素（内源性大麻素系统的一部分）和所有其他神经递质一样脆弱，它们在体内会迅速消失，这就是我们不能在永恒的幸福感中到处行走的原因。

我不知道到底是什么让我在跑步时感受到快乐：内源性大麻素、内啡肽、5-羟色胺、多巴胺，也许仅仅是成就感，甚至可能是回家吃蛋糕的期待……我并不会花大量时间纠结答案，只要我能体验到快乐就好。我记得，当一位精神病学家第一次告诉我，没有人能百分百肯定抗抑郁药物起作用的原因时，我感到很不安。但我还是服用了抗抑郁药，因为我走投无路，而药物对我有用。我并不提倡盲目地采用没有医学解释的方法，但我相信我服用的药物是安全的，而且我意识到它们发挥了说明书上标明的效果。对我来说，跑步的作用与药物相似。也许有一天会有一个肯定的解释，告诉我们为什么运动让人更快乐。我会饶有兴趣地阅读那个结论。但是现在，我将继续跑步，因为我知道，只要它对我有用就足够了。

而跑步的快感是真实存在的。现在，我们不必再奔跑几英里去寻找晚餐（不过，如果知道在跑步结束时可以吃到一个冰激凌，我仍然会兴致勃勃地跑得更快更远），但我们仍然期待获得那种高峰体验。它可能难以捉摸——我一直在跑步中期待它出现，我们始终在追寻它的路上。

当我刚开始跑步，拖着脚只能跑几分钟时，不曾获得高峰体验；后来，当我跑得太快，筋疲力尽，身体疼痛，气喘如牛时，也没有获得高峰体验。但我觉得有些畅快，也不觉得那么累了。我开始喜欢上身体劳累产生的疲惫感觉。在布莱尼·戈登写的一本关于强迫症的书中，她也提及这一发现。她一开始跑步只是为了“活下去”，后来，她发现，从前不能忍受的事，在跑完步后变得“更容易忍受”了。[94]

我第一次经历跑步者的高峰体验，发生在跑往坎登市场的途中，那是一段十分钟的慢跑。坎登市场通常是我的跑步禁地，因为那里人山人海，交通拥挤，我害怕自己被困在购买香火和T恤衫的拥挤游客身后。那一次，我度过了悲惨的一周，经历了可怕的独自入睡的孤独，周六早晨醒来的时候，我感觉到肾上腺素蹿升，于是准备去跑步。但令我惊讶的是，当我跑到坎登市场时，突然感到身轻如燕。我不想掉头逃回家，虽然家里很安全。我想继续前进。所以我穿过游客和他们的自拍杆，沿着运河继续跑下去。

这时，我彻底被快感掌控了。我记得，沿着小径疾驰而下时，我一边摆动双手，一边点头附和查卡·德穆斯（Chaka Demus）和皮利尔斯（Pliers）的歌曲《女作家与谋杀案》（*Murder She Wrote*）的节奏。我记得，我微笑着超过了其他跑步者，惊叹于脚下这座桥的美丽——我以前见过它一千次，却从未真正仔细地观察它。（这座桥被戏称为“爆破桥”，1874 年，一艘经过这里的火药驳船爆炸，摧毁了这座桥，事故造成 3 名船员死亡，并导致动物从附近的伦敦动物园逃走。）我超过了皮划艇运动员，这让我有点吃惊。一艘游船里的游客在挥手、拍照。我发现了利森格罗夫停泊区，这里是游艇的聚集停泊处，四周环绕着花盆、挂件和风铃。这里美丽极了。就像市中心的一处隐秘街坊，大隐于市，对陆地上的熙攘无知无觉。面对这样的美景，我几乎感到不知所措。我停了一会儿，不想让自己不雅的跑步姿态破坏这里的气氛。最后，我跑到了运河的尽头，有人在拉船路上竖起一块大型黑板，我被迫回到公路上。黑板上用巨大的字母写着“你希望在去世之前做到什么事”。下面有一些认真的留言。有人写的是获得爱情和生孩子。有人说他们想要很棒的性生活，喝更多的酒。如果我有粉笔（并且如果我能鼓起勇气的话），我想我会写下：“不再害怕。”

那种快活的感觉几乎伴随了我一整天。周围的一切看起来都更明亮、更友好，不那么阴险。我在一种愉快的恍惚中回到家，一点也不介意坎登市场的人群在周围嗡嗡作响，也不在意噪声和往来的车辆。我觉得自己充满勇气，好像和周围的环境融为了一体。我感觉很正常。整个周末，我的胃部没有因为焦虑而刺痛，也没有上不来气。天哪，那天晚上睡觉的时候，我甚至摆脱了常有的夜惊。看见了吗？内啡肽（或别的什么物质）是有魔力的。怪不得我们真心追逐那种感觉。

因此，尽管人们有各种合理的理由逃避运动，但同时也有足够多的理由说服自己去尝试和克服那些障碍。然而，在我年轻的时候，我很可能不会相信那些建议我积极运动和流汗的理性而沉闷的证据。也许你会在遇到危机的时候才考虑运动。如果做一件事是出于被迫或内疚，你肯定不会坚持下去。你可以根据自己的情况寻找运动的途径，但不要像我一样被运动光鲜的外表吓到，认为自己不适合运动。

如果你想运动，而且你有幸能够运动，那么你就适合运动。这就是充分条件。有时，经过一番努力和一点运气，你的苦难可能会减轻一些。你可能会感受到渴望已久的解脱，这是我们都应该得到的。

6 km

穿越恐慌

我第一次在外国跑步是在威尼斯。作为一个成年人，我从来不喜欢度假。太多的忧虑会毁了我的生活。我在20多岁的时候，因为不敢坐飞机，错过了很多次旅行。有时我尽量不去想这些遗憾，以免陷入毫无意义的悔恨旋涡。悔恨毫无用处，最好只关注自己的进步。但是，我真的错失了很多乐趣。

在经历了一年以悲伤和别离为主题的生活后，妈妈决定带我去度一个周末长假，让我放松一下。经过几个月的跑步和每周一次的心理治疗，很幸运，我的恐惧减轻了，因此我同意了她的提议，而且对这次旅行感到兴奋。威尼斯比我想象中更加繁华，游客们拖着带轮行李箱从我身旁走过，敬畏地观望着古老狭窄的巷子。一些人堵住了桥，他们把自拍杆举到空中拍摄美景（当然，他们要把自己的脸放在镜头中央）。我们吃吃喝喝，沿着大运河走了几英里，三天后，我已然熟悉了这个城市的布局。

在假期的最后一个早晨，作为一个焦虑症患者，我感受到了最大限度的放松——轻盈、愉快，处于跑步的最佳状态。这时妈妈正在睡觉（她很喜欢时不时小憩一会儿）。我穿过铁路桥，避开汽车站刚刚下车的旅客。我从未想过会在这里跑步——我的意大利语说得不好，对这座城市很陌生。每条主干道上都有18条小街和一条迷你运河，很容易迷路。我通常不喜欢迷路——我会惊慌失措，不知如何回家。但这一天，我决定跑到哪儿算哪儿，尤其是我发现在这里根本很难绕过街上的人群。于是，我拐进出现在眼前的第一条小巷。这里似乎是一个居民区——自二战后威尼斯人口达到17.5万的高点以来，现在这座城市的人口已降至5.5万——我头顶上方的建筑物之间系着纵横交错的晾衣绳，上面高高悬挂着五颜六色的亚麻制品。

威尼斯不是一个适合跑步的城市，那些历史建筑几乎令我厌烦，但我至少超过了3名跑步者，他们显然熟知自己的路线。如果威尼斯人认得路，那么我应该也可以。我试着漫无目的地慢跑。我一生中从未见过如此美丽的景色，而此时此刻，我正与美景擦身而过。船夫们灵巧地在水中划来划去，狗狗到处可见——当地人喜欢他们的小狗朋友。当我停下来看时间的时候，我已经彻底迷失在这个漂浮于水上的小岛了。我已经跑了将近6英里。周遭环境的改变和对美景的沉醉推动着我的脚步，以至于我跑得比以往都远。在整个过程中，什么坏事也没有发生！奇怪的是，我为自己的迷失和满不在乎的心情感到高兴。没有人知道我在哪里。在回酒店的路上，我意识到，其实我不想让他们知道。

我正在地铁上写这段文字。我乘坐的是环形线，由于信号故障，地铁在莫格特站延误了，于是我用这段时间写东西。我现在已经习惯了每日客流量高达数百万人的伦敦公交系统的延误，这种感觉既枯燥又莫名精彩。对我来说，这不仅仅是不得已而为之的通勤——我从千禧年前夜起就不再坐地铁了。我为自己的焦虑找借口，说我只是不喜欢坐地铁，更喜欢坐公交车。但真实的原因是，我非常害怕待在地下，在汹涌人潮中找不到逃生路线。

我住在伦敦，却有 16 年不曾坐过地铁。没有人那么爱坐公共汽车——尤其是在交通拥堵的城市里。但在 2016 年的某一天，我完成了一次长距离跑步——在河对岸的某个地方。我没有力气步行返回了，于是我在距离最近的地铁站附近晃悠。我可以坐地铁吗？我一定在那儿站了将近 20 分钟，掂量这是否可行。最后，我采取了折中方案。我乘公交车到半途下车，终于打消了疑虑，上了地铁站的自动扶梯，来到了一个地下站台，那里通风而温暖。在巧克力和跑步产生的内啡肽的刺激下，我开始了这段旅程。总共坐了四站，但我感到非常自豪——甚至向家人发送了我乘地铁的照片。我曾列过一个清单，上面都是我因患焦虑症而做不到的事，乘坐地铁是清单上的最后一件事。不能乘地铁，也是最后一件让我觉得自己是个失败者的事。站台和电梯，曾经是让我害怕得无法言喻的存在，然而，此刻它们显得如此友好，因为接下来我还要走下三层楼梯。多么奇怪，那些多年来让我们停滞不前的障碍，现在变得平凡、友好、普通。

现在扩音器响了起来。信号故障意味着乘客都得下车，我在考虑搭乘北线，但我还是不太喜欢那条线，它太深了。但我正在想办法。我学会了为每一个小小的胜利庆祝，如果有一天遇到太困难的事，我也不会太自责。总有一天它会变得更容易，就像跑步一样，一次不行就再来一次。

在我刚开始小段小段地慢跑时，每选择一条新路线，没跑多久我就会急匆匆地回头，最后的结果是路线变得混乱，我背着包在城市里迷了路，直到精疲力竭。没有时间焦虑，也没有精力去处理焦虑。有人曾经告诉我，他们被一段引文打动，然后开始运动，我曾试图找到那段引文的作者，但没有成功。在谷歌上搜索了很久之后，我猜想那段话一定出自塞缪尔·约翰逊（Samuel Johnson）的文章《完全无所事事的灾难》（*The Mischiefs of Total Idleness*），但我更喜欢文章里的这句话："当肉体被剧烈地搅动，精神上的深切痛苦会大大减轻。"我想把这句话印在抱枕上。我不知道我有没有剧烈地搅动我的身体，但跑步确实让我的内心发生了变化。

当我可以一次跑大约 5 分钟后，我有点迷茫了。现在该做什么？为了找到方向，我下载了一个"五千米教练"（Couch to 5K）应用程序——这类应用程序网上有很多，其中包括英国国家医疗服务体系研发的一个应用程序。[95] 根据这个程序，你首先交替进行跑步和快走，然后逐渐多跑少走，直到你能连续跑 30 分钟（大约 5 千米）。如果你想开始跑步，并且觉得这是一场艰苦的战役，我推荐你使用这个应用程序。它用起来非常简单，你可以停留在最初的水平，直到你想更进一步。你会发现,即使你觉得自己不能再多跑一步了，你依然有所进步。应用程序可以指引方向，这意味着，即使我跑到陌生的地方，也不会陷入恐惧或恐慌。我能够知道，再跑一分钟就到达目的了，再跑一英里就到家了。没有突发事件，只有精心规划的距离。这个应用程序让我获得了坚定的信念，我用了 6 周时间，一次性跑完了神圣的 5 千米。那一天，当我完成这项任务时，感觉就像飞了起来。这不是心理上的感受，而是我真真切切地认为，我能跑这么久，简直就像长出了翅膀一样不可思议。我教会了自己一项新技能，这种满足感是巨大的。

当我努力践行这个程序——我确实很努力——时，我感受到了一种释放。我买了更多双运动鞋。置办了很好的运动裤，好裤子不会在跑步的时候缓缓滑脱。我买了很多钥匙扣和腰包，这样我跑步时就不用再背着包。所有这些都不是必需品，但它们表明我对跑步有所期待。投资购买运动鞋和水瓶对我来说是一个无声的承诺：我不会停止跑步，我承认跑步对我有好处。

我真的很期待每一次跑步。朋友、家人和工作固然可以分散我对日常焦虑和婚姻失败的注意力，但我希望自己能更进一步。我希望独自做些什么。所以我坚持早起（我的前夫不喜欢我睡懒觉），硬塞下一根香蕉，然后就出门了。没有什么令人兴奋的场所——我选择了主干道和平坦的区域。如果去到一个陌生的地方，我会觉得不太自在，这意味着我会经常重复一些路线。（如果来到伦敦并且需要跑步，我建议你绕着摄政公园跑：无聊，重复，但不容易出意外。）不过，尽管周围的环境通常很普通，但我并没有感到厌烦，真的没有。我把每次跑步都看作点滴进步的机会——走进路过的一家大型商店，穿过一条主干道，或是向自己许诺：如果没有打道回府，就请自己喝一杯好咖啡。“再跑一分钟”成了我的口头禅。任何人都可以再跑一分钟，任何人都可以继续，哪怕他们讨厌跑步时的每一秒。正常情况下，我至少会多跑 5 个“一分钟”，因为我的双脚固执地不愿停下。当我冒险跑到陌生的地方，虽然会感到害怕，但没有惊恐发作。我获得了宁静和空间。这是焦虑的大脑并不熟悉的感受。

当我在外面的街道上变得越来越自信时，我对自己的要求也越来越高。我有理性的证据可以表明，自己能跑得更远一些，因为我一直在测试自己的极限，并发现它们其实非常灵活。我观看了从未参观过的纪念碑、博物馆和历史建筑，并绘制了围绕它们的跑步路线。这通常意味着，我要穿过城市最繁华的街区，那里到处游人如织，人群熙攘，汽车喇叭声不绝于耳。这些本是我避之唯恐不及的存在，但当我有节奏地前进时，多余的肾上腺素被释放，我感受到了兴奋而不是恐惧。

我的第一次跑步冒险（冒险可能太夸张，也许应该说是短途旅行）是跑往托马斯·克伦威尔故居。我最近刚刚读完希拉里·曼特尔（Hilary Mantel）精彩的《狼厅》（*Wolf Hall*），花了很多时间在谷歌上搜索作家的更多生活细节。

我发现他曾经住在伦敦金融城的奥斯汀修道院（Austin Friars）。伦敦金融城现在以鳞次栉比的玻璃幕墙建筑和西装革履的银行家而闻名。我在网上查询了一条大略的路线，然后出发了。我不知道要跑多久，所以取消了星期六的一切安排。一开始我跑得很慢，因为我知道如果开始跑得太快，我就会在几分钟内耗尽所有的能量。我慢吞吞地在霍洛威路上跑着，这是一条贯穿伦敦北部的主干道。玻璃橱窗里摆放着老式的美式沙发；商店里出售各色手机壳；老太太坐在咖啡馆外面，一边喝咖啡一边吸烟。我沿着上街（Upper Street）继续跑，经过了一些非常别致的家具店，又遇到几座漂亮的城市别墅。别墅外面是修剪整齐的树篱和百叶窗，防止像我这样的窥探者看到屋内雅致的客厅。

现在，我跑得飞快。脚步随着音乐加速，我在阳光下穿过人群。我跑到了法灵顿，人群渐渐散去。我经过一座旧消防站、一条铁路和一个口吃儿童中心。我跑过史密斯菲尔德的老的肉食市场，然后停了下来，发现新建筑后面隐藏着一座美丽的教堂。我感到疼痛，汗水浸湿了上衣，我需要停下来。

但我挣扎着继续往前跑，跑过圣保罗大教堂，那是我从儿时起就没去过的地方。钟声响起，人们聚集在教堂外宽大的台阶上。这时，我的眼角余光瞥见了千禧桥——从前它被称为摇摆桥，自打它开始摇晃，我就再也没有走上去过。我决定偏离既定路线跑上这座桥。我现在感觉很有活力，跑步者的高峰体验出现了，腿突然不那么累了。我跑下桥，接着又跑了一段路程才停下来环顾四周——我所居住的这座城市是如此美丽和宏伟，几乎令人震惊。而我对这个城市的恐惧持续了十多年。我曾梦想逃离它，安静地生活在乡下，避开所有的匆忙、噪声、人群和我自己的恐惧。但此刻，我独自站在一座桥上，以一种全新的眼光审视着我出生的城市。这座城市不会吞噬我。它不是阴森冷漠的，而是轻盈、宽阔、平静的。河水在我脚下流过，这一次，我没有考虑最坏的情况——桥塌了，我掉进冰冷的水里。

我跑到了伦敦的另一边，接着我又跑上南华克大桥，回归了既定的路线。我继续穿过伦敦的老城区。这里在周末变成了一个神奇的秘密之地——所有的银行家都回家了，大多数商店都关门了。你遇到的人都是正在寻找伦敦塔的茫然游客。每条街道上至少有一块蓝色的牌匾或历史标识，提醒你正站在伯利恒皇家医院（伦敦一所著名精神病院）的旧址上，或是当年伦敦大火燃起的地方。小型历史建筑被挤在闪闪发光的金融大厦之间，顽强地坚守着自己的阵地。每条道路的名字几乎都能让你想起另一个古老的城市——布丁巷（Pudding Lane），圣玛丽斧街（St Mary Axe），面包街（Bread Street），卢德门圆环（Ludgate Circus）。

我迷路了，绕着一个绿树成荫的广场跑了一圈后才找到克伦威尔路。奥斯汀修道院是克伦威尔密谋和计划支持（有时反对）亨利八世的地方。他的故居只剩下两部分，街角的乐购超市多少影响了一些历史风貌。但我很高兴。我检查了跑步应用程序（我用的是 RunKeeper，因为它是免费的，而我很穷，不过网上还有很多选择——我在书后列出了一些），这时我已经跑完了 7 千米。这是我有史以来跑得最远的一次，穿越了我从未见过的伦敦部分地区，独自一人，没有感到丝毫恐慌。没有人知道我在哪里（通常情况下，如果我离开家，我会打电话跟人说话，这样我就不会感到焦虑），这个事实让我感到轻松——我是我自己的主人！我徘徊着，沉浸在自由的感觉中，意识到自己独自一人探索了一个新的区域。

《狼厅》里有一个情节，克伦威尔直言不讳地劝诫亨利不要打仗，因为战争的开支将使国家经济陷入瘫痪。除克伦威尔外，没有人敢对国王说这样的话。而国王说，他的统治一定比节省开支更重要。克伦威尔回应说，要想统治国家，必须拥有坚韧的品质。"坚韧……意味着坚定目标，意味着能够忍耐。坚韧意味着有力量与那些束缚你的东西共存。"[96]

多好的一段话。难怪这段话如今被广为引用，几乎成了激励人心的名言，人们甚至经常不知道这话是曼特尔的原创。除非宪法大幅改动，否则我永远不可能成为君主，但当我站在奥斯汀修道院里的时候，这句话突然浮现在我的脑海中。这是我的第一次"长跑"。我喜出望外，因为我克服了焦虑完成了任务。我做到了和一直以来束缚我的焦虑共存，现在我还能做些什么呢？

跑步让我不再恐惧。我在大街上狂奔，大脑疲惫不堪，如此一来，长期以来对乘坐地铁这类事情根深蒂固的憎恶和恐惧逐渐消退了，它们变成模糊的瘀伤，而不再是新鲜的伤口。我知道双脚可以带我去任何地方，也可以带我回家。有时我会忘记没有开始跑步以前我是如何作茧自缚的，现在当我回顾并写下那些糟糕的往事时有种奇怪的感觉。最近我又去拜访了那位很棒的治疗师，此前我错过了与他约谈的时间。他提醒我，我第一次去见他的时候，我的婚姻即将破裂，几乎出不了家门。那段人生低潮期现在似乎已经很遥远了，不过，我知道心理疾病患者永远不能太过自满。我仍有焦虑的念头，偶尔会做噩梦，有时也会彻底沦陷。然而，在我跑步的时候，所有的问题都消失了。

从零开始，坚持到底——从前我很少能做到。从一开始，跑步就带给我越来越强大的自信。这种自信让我对自己的身体也恢复了信心。我既是路线规划员，又是司机和乘客。当我忙着决定走哪条路的时候，甚至当我集中精力保持呼吸平稳的时候，大脑不得不保持安静。

事实上，我终于直面了我的焦虑。很明显，跑步不是唯一的方法，但我选择尝试跑步。我总是担心被困在什么地方，因此，我很自然地选择了一种强化逃生能力的项目。即便如此，我还是要面对无处不在的恐惧，因为我几乎害怕一切事物，真的。这是一种暴露疗法——我一直被自己的忧虑拖着走，现在我决定立定脚跟，不再追随它们。逃避恐惧从来没有用，非理性的思虑和反驳也没有用。逃避是如此诱人，但它是有害的——它强化了恐惧，并赋予恐惧力量。恐慌膨胀、蔓延，将你吞没。尽管如此，我一直认为暴露疗法听起来很疯狂——这种疗法认为你应该直面恐惧的对象。如果你非常害怕蜘蛛，为什么还逼自己握着一只狼蛛呢？但它并不像我想象中那么古怪，这种疗法在20世纪50年代开始流行，治疗师会对患者恐惧的根源和恐惧的形式进行探索。这种疗法对强迫症或恐惧症患者尤其有效。假如我大脑是这样工作的（事实上的确如此）：

- 我突然感到担忧——例如，如果这次飞机旅行不顺利怎么办？
- 我探究自己为什么会产生这种想法，随后产生灾难性的想法——如果飞机坠毁了怎么办？
- 我出现焦虑的躯体症状——手心出汗、心悸、肾上腺素升高。
- 这些迹象引发了更多的恐惧，因为它们似乎证实了我的担忧。
- 快速的自我恐吓使我开始恐慌。
- 为了避免恐惧，我5年没有乘坐飞机。（这很有趣——但一个成年人持欧洲火车通票旅行并不是令人兴奋的事，在高达40摄氏度的卧铺车厢里，你要和一个满身是汗的陌生人共用一个铺位。）

之前我曾提到过认知行为疗法，这种疗法鼓励你从第一个问题开始反思——如果这次飞机旅行不顺利怎么办？然后要求你试着给出更理性、更慎重的答案——例如：也许这次旅行会有点无聊，腿部空间不够宽敞，但会顺利的。如果这样思考问题，你回避灾难性想法时产生的恐惧反应就会减轻。

暴露疗法与此有些类似，它让你渐进地面对恐惧的事情或念头，而当你意识到那些忧虑是毫无根据的，恐惧很可能会完全消退。只是暴露疗法可能更加戏剧性一些。

你可能害怕老鼠，那么，你可以一遍又一遍地重复“老鼠”这个词，直到你习惯为止。然后，你可以看老鼠的图片，说出你的感受。最后，你可以远远地看一只老鼠，甚至用手摸一摸老鼠。天哪，其实我也不想碰老鼠。

我也采用了适合自己的暴露疗法。我的恐惧阈值比大多数人低得多。我不是强迫自己跳伞或爬山；跟大多数人相比，我的目标微不足道：我想坐公交车去看望一个朋友，轻松自在地享受一个晚上，不用担心我的公寓会不会着火，我会不会出车祸，我的家人是否安全。现在我可以不假思索地度过这样的夜晚。但如果我没有跑步，从而得知我的恐惧并不总是理性的，我永远也无法度过这样的夜晚。

我穿上运动鞋，克服了内心深处的恐惧。我每天都会找出一个让我在某种程度上感到恐惧（即使只是心跳明显加快）的地方或习惯。就像让自己尝试短途地铁旅行一样，我强迫自己在人群拥挤的地方跑步——市场内、通勤高峰的人流中、拥挤的道路上。我一直怀疑道路的拐角处潜伏着灾难，但这份担忧从来没有成真过。没有恐慌发作，没有昏厥，没有公交车车祸，没有恐怖袭击，没有台风，也没有出现任何值得让我瑟缩在家中保持安全的情景。如果一条路让我感到紧张不安，我会一遍又一遍地走，直到我对它感到厌烦，而不是害怕或急于回家。在你过了很久肾上腺素过剩的生活后，无聊的感觉反而出奇美妙。

如果我感到特别焦虑，或是觉察到非理性念头的出现，我会强迫自己跑步——哪怕只有 5 分钟。在婚姻破裂后的几个月里，我的很多日子都是这样度过的。有时候，一想到要去上班，看着分手的丈夫和同事们在办公桌前谈笑（他的办公桌离我只有 20 英尺远），我便会在醒来的时刻就陷入焦虑的旋涡。有时候，我觉得无法在夜晚独自入睡，难以独自一人坐在空荡荡的公寓里面对寂静的夜晚。所以，我会在上班前跑步，消耗肾上腺素。或是在附近的公园里慢跑，打破漫长黑夜的寂静。跑步总能让我平静下来，赋予我足够的力量继续前行。

跑步于我，并非仅仅为了获得必然会出现的快感。在这个阶段，我并不是在寻找快感，而是在休息。跑步的时候，我的大脑会安静下来，那些不断循环的、将烦恼揪作一团的侵入性思维会休息一下。1976 年，撒迪厄斯 · 柯斯楚巴拉（Thaddeus Kostrubala）

写了一本《跑步的乐趣》(*The Joy of Running*)，书里写到的一位跑步者蒙特·戴维斯(Monte Davis)精彩地阐述了这种感受。他说："很难做到一边跑步一边自怜。"[97]

我可能真的太过自怜了。因为心中总是充满令人窒息的忧虑，我已经习惯于对这个世界感到愤怒。我忽略了我所拥有的一切特权——充满爱的家庭、经济上的保障、工作和朋友，眼里只有那个大问题。我责怪焦虑症阻碍我的生活，破坏我的婚姻，让我错过冒险的机会，然而，事实上是我允许它这样做的。

但跑步的时候我不愤怒。有时候，当我上气不接下气，双脚仿佛灌了铅一样沉重，或是因为太饿而无法继续前进时，我会感到沮丧，但不会愤怒。我跑得越多，越能轻松地面对艰难痛苦的时刻，我不再立即逃跑。当我发现已经分居的丈夫又开始约会时，我觉得自己会呕吐、跌倒，或是痛苦好几天，但是我没有(嗯，确实哭了一小会儿)。我感到悲伤，为失去的感情感到遗憾，但同时我觉得自己拥有了一副盔甲，无论它多么脆弱，现在也足以帮助我抵御最剧烈的疼痛。这副盔甲虽然不像贝壳一样可以包裹全身，最起码也是一副胸甲。

这可能并非只是因为我的脸皮变厚了，这更像是一种新的生活方式，我不再被日常琐事深深困扰。我好奇是否只有我自己有这种感觉，于是尝试在谷歌上搜索一些短语："跑步让我更强壮""跑步让我不那么情绪化""跑步 + 不哭泣"。最终，我偶然发现了 2016 年的一项研究，研究内容正是我思考的问题。研究人员让一半参与者进行半小时的慢跑，另一半参与者进行简单的伸展运动。之后，所有参与者都观看了 1979 年的电影《冠军》(*The Champ*) 中的一个感人片段 [YouTube (优兔) 上的评论证明，看过这段视频的人都"沦陷"了]。那些跑过步的参与者在面对悲伤的消息或紧张的情景时容易产生感动情绪，同时常见的消极情绪反应受到了抑制。[98] 因此，我并没有身披铠甲的怪异感受，因为有氧运动似乎确实改变了人们对情绪的反应方式。

你可以理解，为什么跑步会吸引那些头脑忙乱，或是非常敏感的人。传奇的斯诺克选手龙尼·奥沙利文 (Ronnie O' Sullivan) 写了一本书《跑步》(*Running*)，非常坦率地讲述了他的上瘾和焦虑经历。每当陷入人生低谷，他便开始跑步，一次又一次。(他曾多次陷入低谷，尤其是当他父亲因谋杀入狱后。你应该读一读这本书，其中有很多这样的故事。) 奥沙利文描写了他"大脑里的黑猩猩"，这头黑猩猩居高临下地命令他并造成灾难 (听起来这个场景很熟悉，尽管我以前从未将自己的想法拟人化)。作为心理防御机制，这些侵入性的执念让他无法好好比赛，他努力想要从中摆脱。后来他开始跑步，以这种方法击退那些消极的想法和习惯。他写道："跑步已经成了一种瘾，但这是我迄今为止最好的瘾。跑步带来一种持续的快感——那种你可以一遍又一遍重复的快感。"[99]

当奥沙利文停止跑步时，他又回到了老路上。他一遍又一遍写道，他是一个“非此即彼”的人。我也有这种感觉。我做任何事情都很难恰到好处。我要么痛苦不堪，要么充满活力、乐观向上；要么身无分文、忧心忡忡，要么收入丰厚。在我跑步的时期，最多只休息一天。也许这是一种迷信，或者说是一种强迫，就像我小时候患强迫症时会怪异地抽搐。如果是这样，这种状态也许是不健康的。当然，如果我在度假时也要坚持慢跑，朋友们会对我嗤之以鼻。但我认为跑步对我是有好处的，它并不像往日的焦虑那般掌控我的生活。相反，跑步带给我两大好处：

第一：跑步减轻了我的日常焦虑。无论在有些日子里我多不想跑步，但我从没后悔过开始跑步。反之，如果我从未开始跑步，我很可能会后悔。记住这一点很重要。

第二：我认为跑步有助于长期抵御焦虑。这一点可能不像第一点那样得到过清晰的科学论证，但我自己有亲身体验。即使只是安慰剂效应，对我来说也没关系。

基于我长期的经验，应对终身焦虑 / 抑郁最重要的方法之一就是接受它将永远伴随你。如果你认为自己已经成功走出了人生低谷，现在必须摆脱心理疾病的困扰，这将是一种危险的否认。埃莉诺·摩根在《初得焦虑症》这本精彩的书中说，“没有通常意义上的幸福结局，所谓的幸福结局就是和它生活在一起”。[100]

她是对的。你很有可能永远不会被“治愈”，变成一个不再有任何症状的人。你知道你有一种疾病，一种心理障碍，一个问题——随便你怎么称呼它，你试着把它最小化，并了解它的起因。

最重要的是，你要找到应对的工具。我强迫自己每天跑步，尽管常常并不情愿，但对我来说效果非常好。分手6个月后，我患上了一种可怕的扁桃体炎，医生对我做的任何治疗都不起作用。（我母亲说我多灾多难，她可能是对的。）平安夜那天，一位全科医生朝我嘴巴里看了一眼后直接把我送到急诊室，我在那里住了一夜。我孤身一人度过了这个血腥的平安夜。在这个凄凉的夜晚，我输了液，喝下杯子里的一些胶状物质。圣诞节那天，我回到家，基本上在床上躺了两个星期。疾病总会令我的情绪明显低落。但这次的病情太过严重，我的情绪糟糕到难以置信的地步。我泪流成河，很快产生了许多侵入性念头。它们好像被封存在过去，如今又重新出现了。虽然经过改头换面，但还是遵循着与多年前相同的主题。

我从这段插曲中学到了两件重要的事情，以及一个令人担忧的教训，教训是有些抗生素并非对所有人都有效。第一件重要的事情是，并非每一次情绪低落都会诱发焦虑症和歇斯底里。

尽管我每次都担心自己会故态复燃，但现在我已经知道，必须理性、合理地看待事实。那时我病得很严重，大脑化学物质的分泌自然会受影响，所以感到悲伤和忧虑并不意外。现在我生病的时候还会出现这种情况——情绪低落，压力倍增。激素也有类似的影响——在我来例假的前一天，我总是感到极度恐慌和紧张。但现在我知道原因了，这就相当于成功了一半。这算是一种进步——当我病得很重的时候，我设法接受了低落的情绪，不再担心它会引发另一场崩溃。我还得继续进步。我的大脑总是在搜寻即将发生的危机，所以我必须让自己基于更现实的场景做出反应。但这并不总是一件容易的事——当我意识到自己感到恐慌并试图与之保持距离时，大脑通常已经习惯性地绕着恐慌的跑道转了好多圈。但你必须继续坚持，哪怕你内心只想躺倒，任凭焦虑占领头脑——这听起来似乎有些违背常理，但当焦虑成为你的终身伴侣时（而且焦虑的感受常常比其他情绪更强烈），放弃抵抗似乎是一种放松。但事实并非如此。所以一定要抵抗，持续抵抗。

我意识到的第二件重要的事情是，我可以很快从低潮中走出来。19 岁时我得过腺热，这引发了我前所未有的抑郁和焦虑（事实上，我确信这是我后来崩溃的一个导火索）。它削弱了我的所有功能。后来我的家人开玩笑说，我很像简·奥斯汀笔下的人物——喜欢躺在床上，正常情况下“虚弱到无法应付这个世界”。他们完全忽略了奥斯汀笔下也有一些强壮健康的女性角色，比如伊丽莎白·班纳特，她们因为热爱运动而遭人嘲笑。哦，我跑题了。这次的扁桃体炎虽然可怕，但没有留下任何长期的负面影响。两周后我又开始跑步，脚步慢得令人尴尬——我几乎回到了最初的水平，但我还是坚持跑了。我的身体记得我跑过步。我不会说这是肌肉记忆，但我感受到身体似乎在说"欢迎回来"，这消除了我重新开始跑步的焦虑不安。埃莉诺·摩根告诉我，她在一次严重的手术后也有过类似的经历——情绪低落，高度焦虑，只有当她再次开始运动，才平静下来。

这时，分手带来的痛苦已经不那么强烈了。我认识的每个人现在都充分认识到，我的丈夫结婚不到一年就离开我了。我再也不需要面对人们悲伤的表情和同情的点头了。我走在远离心碎的路上，感觉很好。我甚至经历了一些相当糟糕的约会。所以，虽然我的状态不是很好，但已经有所进步。于是我来到了一个危险的临界点，对此我心知肚明。当我的焦虑减轻，感到情绪相当稳定的时候，我便放松了警惕，不再努力保持这种状态。我变得自满，认为自己已经解决了问题。但正如埃莉诺·摩根所说，你必须跟它共存。如果我没有生病，没有经历过短暂的消沉，我想我可能已经放弃了跑步。我会觉得跑步曾经对我有帮助，但现在我已经成功了。我是否想去跑马拉松，想快乐地在公园里跑步，并关心在跑步上取得的最佳个人成绩？我真的想永远跑下去吗？我不这么认为。然而，当我在那个圣诞节意识到我并没有彻底摆脱焦虑症时，我跑步的决心加倍了。我终于找到了一个自助的方法，而这来之不易。我倒情愿依靠酒和躺椅获得救赎，但生活是痛苦的，任何否认这一点的人都是想向你推销一些产品。

7 km

我们为什么跑步

今天，我在爱丁堡跑了一圈。我把朋友和手机留在旅馆里，决定即兴跑上一会儿。我沿着主商业街跑，没有固定的目标，一边跑，一边呆望着沐浴在红光中的城堡。脚下的鹅卵石有些松动，如果不小心，可能会扭到脚踝。我将注意力集中在脚下，慢慢找到了节奏。这是我第一次不带手机跑步。手机就是我的安全网络，每次我去逛商店，必须带着手机——以防万一。但我防备的是什么呢？我并不了解爱丁堡这座城市，通常在陌生的地方我会更加紧张，但今天我觉得无所谓了。我一个人，感觉良好。也许不止于良好，我享受着一种类似眩晕的放纵感。爱丁堡是一座多山的城市，在这里跑步，我的肺部灼痛不已，但周遭美丽的风景坚定了我继续跑下去的决心。我发现一条略微平缓的路，于是从大路上离开。半小时后，我跑到了利斯，城市北部的港区。周遭一片寂静，海鸥在远处的风中拍打翅膀。我想它们一定是向水边飞的，于是我跟着它们跑。转过一个弯，我来到一座码头，海鸥和别的动物同时发出尖叫，我倒吸了一口气。我的面前是一艘绚丽多彩的船——一艘为纪念日德兰战役而设计的“炫目船”。这些色彩鲜艳的船只起源于第一次世界大战期间，为了防止敌人辨认出船只的速度或行进方向，它们被涂上令人眩晕的形状和艳丽的色彩。设计这艘船的艺术家把它命名为“每个女人”，以此向那些最早创造出炫目船的人致敬。这艘船的形象辉煌而迷人，每一条直线和曲线似乎都在向力量和韧性致敬。我站在那里，注目良久。我想吸收这些形象，将其印刻在心间。

回去的路上，我发现了皇家游艇“不列颠号”（Britannia）。这艘游艇要小得多，可以通过一个购物中心进入——它缺乏威严的形象让我咯咯笑了出来。有那么一瞬间，我觉得我可能跑不回去了。

为什么人们决定跑步？我说的不是那些一早养成运动习惯的聪明的运动者，他们在学校里就开始练习各项运动，直到成年，一直抽出时间进行体育锻炼。这类人令我敬畏，但我永远不会成为他们。我放弃运动几十年了，常常对运动心怀怨恨。现在我之所以仍然在运动，是因为我不得不勉强承认运动对我有很多好处。而那些人，一直以来都了解运动的益处，他们可能会说，运动只是日常生活的一部分，就像吃午餐一样自然，或是像信用卡被拒（告诉我你也有过这样的经历）一样正常。我想知道的是，不具备这种心态的人，为什么会开始跑步？他们几十年如一日地坐在沙发上；开车去街角的商店；如果错过了公交车，他们宁愿等下一辆，也不愿意大汗淋漓地走一段路。我曾经说过，我们在童年时代都曾不知疲倦地到处奔跑，我相信运动是我们的天性，就像我们追求事业成功一样自然。但随着年龄日益增长，我们忘记了这一点。运动的习惯很容易被永远埋葬，那么，为什么我们中的一些人会重新开始运动呢?

保持身体健康显然是很有吸引力的理由——跑步可以帮助你控制体重，改善心血管健康，减少患糖尿病的风险。正如维巴·克雷根－里德所说："我们的身体在运动时会得到奖励——运动让身体更强壮，骨骼更强韧；运动促进血清素、去甲肾上腺素和多巴胺的分泌。"运动可以让我们变得更聪明。美国的一项研究表明，即使你有酗酒、吸烟等坏习惯，跑步 1 小时也能让你的寿命延长 7 小时。这对我来说是个好消息。但是，研究证明，散步、游泳和其他许多运动也对健康有益。你不需要观察一月份跑步的人数就可以推测出，很多人几乎从一开始就放弃了。英国心脏基金会（British Heart Foundation）[101] 提供的数据表明，超过 2 000 万的英国人不爱运动。我们似乎忘记了生命在于运动这个事实。尽管有人发起各种运动向群众宣扬运动对健康的益处，但保持身体健康这一动机，似乎并不足以促使人们出去运动。

相反，人们开始跑步的动机，往往是由一场危机激发的。这场危机有可能蛰伏多年才暴露出来。也许人们跑步只是为了尽快摆脱困境，但我认为跑步的意义不止于此。现代人在大部分时间里坐着不动，沉浸在大脑活动之中。我们已经习惯了这样的生活。

很幸运，我们不必整日在田地里辛苦劳作，反而能在工作时间坐在暖气充足的办公室里浏览 Facebook（脸书）。然而，在这种舒适的生活被打破的时刻，我们可能会突然发现，这种舒适的生活不能拯救我们。人类不必再承受肉体之苦，这是可以理解的，也是一种进步。由于许多人不必再从事辛苦的体力劳动，于是，失去与身体的联系已经成为常态。有时候，我们营造的舒适生活已经不足以安抚自己了，一天的辛苦工作让你只想站起来尖叫，乱扔东西，扯掉衣服，捶胸顿足。生活让你窒息，你试图找到戏剧性的突破口。但你做不到，因为你怕别人拍下这些尴尬的场景，让你变成 YouTube 上的笑料。所以，也许你在寻找一些能带来类似解脱感的方式，摆脱烦恼和单调的生活。这些方式需要有一定的挑战性，足以与生活中时不时出现的艰难时刻相匹敌。我认为，这就是通常人们选择开始跑步的契机。

斯蒂芬（化名）告诉我，正念和跑步的结合让他摆脱了自童年以来一直与之缠斗的焦虑和随之而来的抑郁。“我一直很焦虑，”他说，“我的父母经历了痛苦的分手，我的家庭生活并不幸福。17 岁那年我第一次抑郁发作，后来我就辍学了。那时我参加过一场考试，两个小时里我什么也没写，然后我走出考场。在那之前，我一直是一名优等生。”

一年后斯蒂芬上了大学，生活得很开心。他对我说：“跑步是一种分散注意力的活动。”后来他开始从事计算机相关的工作，并成家立业。现年 56 岁的斯蒂芬 10 年前被诊断出患有抑郁症，但他说：“我想在这之前我肯定已经抑郁了很久了。我的行为很糟糕，大脑思虑不止，对家人厉声呵斥。因为我，整个家庭的气氛都非常压抑。我参加了一个工作坊，接受了一些咨询，但没有什么改善。”

“我无法让头脑平静下来……没有缓解……当然，如果我急躁地对某人发一通火可能会变得平静一些。这是一个恶性循环。然后我开始与现实脱节。我无法正常工作，对家庭亦无任何贡献，几乎与世隔绝。”

最后斯蒂芬去找他的全科医生，在诊疗室里他几乎哭起来。“医生给我开了百优解，说我的抑郁症很严重。服用这种药物令我非常紧张，天哪，它们会影响我的大脑。”但斯蒂芬服用了药物，发现两到三周后抑郁症状消失了。“我又有了人情味。于是我可以理直气壮地说：没错，心理辅导没有效果，我不吃药能怎么办？”

一位跑步的朋友为斯蒂芬报名参加 10 千米跑步项目。他做到了，随后他报名参加马拉松，跑完一场又跑了下一场。与此同时，斯蒂芬发现了一个实验性的正念项目，他意识到该项目教授的技巧与跑步相得益彰。“跑步对我来说就是正念练习，因为我在跑步的时候很少思考，我会观察周遭的事物，注意季节的变化，或是体验腿部的感受。”

斯蒂芬现在加入了一个跑步俱乐部，他能跑很长的路程。他把这归功于社交联系带来的支持（他经常外出跑步）。“跑步和正念技术能让我平静下来，这意味着我可以停止服用百优解。去年，我又开始唱歌。现在，这三件事是我生活的三大支柱。”

为了写这本书，我与每一位采访对象都相处了一段时间。我问斯蒂芬跑步给他带来什么感觉。针对这个问题，不同的人总是能给出不同的答案。斯蒂芬的答案让我笑了：“在比赛开始之前，我期待着比赛的进程，并想知道比赛的结果。一旦我跑了两到三英里，引擎就会启动，跑步变成一件令人愉快的事情。当我飞奔着下坡时，我体验到一种孩子般的快乐。”

这种孩子般的快乐可以极大地舒缓我们在生活中积累的压力。在某一时刻，我们都需要把日常压力抛诸脑后。我们需要获得平衡——我们每天在跑步机上跑步时，大脑会嗡嗡作响，我们陷入对当下困境的沉思。我们通常没有真正利用好这段休息时间——至少不是心甘情愿的。然而，生活经常会出现问题，让我们不得不休息——无论是否情愿。

在人类经历的一切人生剧变中，像我这样的分手经历可能是最常见的。除此之外，还有悲伤、心理疾病、失业，以及其他虽然更有正面意义但同样具有挑战性的事，比如为人父母或移居海外。在写这本书的过程中，我采访了很多人，主要问他们为什么开始跑步。人们给出的答案很能说明问题，但老实说，这些答案都在意料之中。人们的故事各有不同，遇到的困难范围广泛，但每个向我讲述故事的人都有一个共同的愿望——试图找到一条逃离现状的路。他们想要减轻痛苦，减轻伤害，夺回表面上的控制权。

让我们从失败的爱情开始讨论吧。这是我开始跑步的原因。如此一来可能显得有点自私，不过这是我写的书，所以就请大家迁就一下吧。很少有人在恋爱中不曾经历过拒绝或失望。我甚至不认为未曾经历过恋爱的伤痛的人是幸运的。失败的爱情给你上了人生的一课，这是你迟早要学会的一课。一段失败的恋爱可以帮助你在以后的一切关系中看清什么是你不想要的。

就连心态最平衡的人也会因心碎而失去平衡。因此，患有心理疾病的人在心碎时会感觉更糟糕。人觉得周围的一切都不受控制时，会去做一些表面上自己仍有选择权的事情，这很容易理解。对于那些焦虑的人来说，失去控制的恐惧是巨大的。没有什么比关系破裂更能让你感到失去了控制情绪的自主权。

当一段重要的感情破裂时，彼得也有类似的想要逃离的冲动。这让他不知所措，激起了他从未有过的负面情绪。

“我爱上了交往 8 年的挚友。我从都柏林搬到多伦多后，她才告诉我她爱我。18 个月后，当我又回到都柏林时，我意识到我对她的感情坚定不移。于是我告诉她我也爱上她了。我立刻搬到伦敦和她同居。

“当然，这段恋情没有持续下去，因为我们都感到透不过气。

我们分手后，我搬了出去，彻底不知所措。我完全不知道该如何生活下去。我离开伦敦，搬回都柏林，住进了父母家。有6个月的时间，除了运动和填字游戏，我什么都没做。

“我甚至不知道自己处在重度抑郁的状态。抑郁悄悄潜入我的内心。我的意思是，当时我并不知道自己抑郁了。现在回想起来，我意识到，在那6个月里，我甚至连一丁点儿幸福感也没有过。”

当患上心理疾病时，你常常不知道自己出了问题。当深陷悲伤之中时，你常常只见树木，不见森林。彼得说，现在回过头来看当时的照片，才发现照片上的自己顶着巨大的黑眼圈。在那么艰难的时候，他还是开始坚持每天跑步5英里（我对他在感觉如此糟糕的时候还能跑这么远感到敬畏）。

“跑步的时候，大脑和思维完全是放空的。我不会过度思考，也不会担忧或悲伤。我知道每天有5英里的路程等着我跑，这是一个可以实现的目标。我知道我可以成功完成任务，其他的一切都与我完全无关（也许这不是事实，但我的确感觉如此）。跑步是唯一能让我振作起来的方法，通过锻炼身体清理头脑，保持体形，还可以做填字游戏，好让大脑正常运作。”

彼得曾经感到彻底不知所措，而自从设定了每天跑步5英里的目标，他找回了对生活宝贵的控制权。

“给自己设定一个可以实现的目标，意味着我对自己的生活有了一定的控制力。我曾感到自己彻底迷失在了大海里，无论往哪个方向游，海浪都会把我推回来。跑步是我可以控制的一件小事；起床，冲刺5英里。”

彼得设定一个小目标并坚持下去的强烈愿望与我最初跑步的动机完全一致。最近的一次生活挫折让他再次开始跑步。跑步再一次使他获得韧性，直面新的悲伤和失望。“当我遇到麻烦时，我又开始跑步了；这是我当时唯一能控制的事情，因为我无法控制泛滥的情绪。寻求控制感似乎成为我的生活主题。”

寻求控制感听起来常常像是一件消极的事情——一种不健康的掌控欲，或是妨碍自发性的刻板思维模式。然而我想，当你深感痛苦时，你会绝望地渴求控制感，不想让自己两手空空地坠入深渊。

我开始跑步时，觉得自己对生活中发生的一切都没有发言权。我的丈夫离开了我，我的焦虑情绪日益增长，无法摆脱。我知道有一天我会被焦虑吞噬。原谅我做一个不恰当的比喻，我的生活就像一匹脱缰的野马，我奋力去抓它的缰绳，唯恐永远失去控制。跑步让我觉得，自己勉强还能抓住那条缰绳。

每次跑得更远一些，或是冒险跑到一个从前害怕去到的地方，我都会觉得，往日习以为常的羞愧、痛苦和恐慌正在慢慢消散。感情破裂带来多重意义上的沉重打击，但我最讨厌的是它造成的生理痛苦。一想到失去了什么，我便蜷缩在床上，或是坐在厕所里哭泣——伴随着恶心和颤抖，这是一种惊人的即时反应。你会感到身体虚弱，内心挫败。你想要退缩，情愿沉迷于极具诱惑力的孕育黑暗和糟糕诗歌的温床。

但这是一个陷阱——花三个小时听史密斯乐团的音乐，看前任的照片之后，没有人会感到活力四射，充满力量。

面对这些忧郁时刻，你只能做出反击。我不是说你应该忽视自己的感受，否认悲伤。一位非常聪明的治疗师（嗨，巴里！）曾经告诉我，无论你当时的情绪是什么，都是正确的情绪——大概是这个意思。我希望我没有误用他的话（抱歉，巴里）。我一直记得他的话。悲伤不是什么值得担心的事情——你感受到的正是你应该感受的。但你不需要款待悲伤，邀请它多留一会儿，或是为它铺一张床。

我痛恨那些我本能地想要退缩的瞬间。我这辈子退缩得够多了，所以我决定不再退缩。我不希望脑海中一直萦绕着失落和遗憾的感觉，相信我，它们确实存在。所以如果我无法忍受，就会强迫自己出去跑步。在跑步的时候，没有时间恶心，没有柔软的羽绒被供我蜷缩其中。只有跑步这一个挑战，或者说是惩罚——是什么取决于我当天的感受。无论如何，我必须直面事实。有人不再爱我了，这个事实会以一种在正常生活中无法或不会发生的方式激励我前进。跑步成功地让我忘记了可笑的婚礼誓言和承诺，同时也淡化了随后一切状况急转直下的糟糕记忆。我讨厌在雨天出门，在宿醉时出门更是艰难，但即便在这样的日子里，我还是会出去跑步，因为我知道，我是在做一些对自己有好处的事情，而不是在纵容悲伤。我说过，心碎的时刻是短暂的，然后你必须经历一个“克服心碎”的过程。跑步是一种额外的防御机制，减轻感情破裂带来的一切痛苦情绪。彼得精辟地总结道：“听起来似乎毫无道理，但我真的觉得跑步时的自己刀枪不入，能应付任何事情。”

有些分手引发的后果更为严重。我的经历是戏剧性的、令人震惊和尴尬的，但最终我快速恢复了，毫发无损，如释重负。我很幸运。但有时候，失去伴侣的悲伤会导致严重抑郁，加剧焦虑。

阿尔瓦的男友对她不忠。她虽然没有与男友分手，但内心痛苦挣扎，变得异常沮丧。“我跟他在一起只有一个原因，就是害怕。我害怕失去他，因为我爱他，害怕孤独。”

她的沮丧情绪进一步升级：“我为自己的挣扎感到羞愧，我觉得人们不会理解。所以我不敢寻求帮助。抑郁迫使我说出一些可怕的话，我无法应对自己和周围的环境。”

最终，阿尔瓦企图自杀，随后被送进医院。当她的男友意识到他是她痛苦的原因之一时，他和她分手了。阿尔瓦的医生建议她锻炼身体。虽然她对此持怀疑态度，但还是做了尝试。“我一开始走的距离比较短，随着精力增加，我走得更远了。然后我开始短距离慢跑，状态越来越好。起初我不明白原因，但最终我理解了，让身体和精神变得同样疲惫是多么棒的感觉。于是我加入了一个健身俱乐部，看到了一张关于万米跑步项目的海报。冲过终点线的感觉太棒了，我体验到一种久违的快乐——我想继续下去。

我想接受更大的挑战，于是我报名参加了半程马拉松。我完成了比赛，感觉跟第一次的快乐一模一样，我又报名参加了今年夏天的全程马拉松。我并不是说每个人都应该报名参加比赛，但对我来说，有了目标之后，我更容易穿上运动鞋，出门跑步。”

现在，阿尔瓦要求自己跑马拉松，增加挑战的难度，看看自己能跑多远。虽然我完全理解你想挑战自己身体极限的冲动，但我从来没想过报名参加比赛。我很高兴自己能有规律地缓慢前行，而不是以任何速度奔跑。正如阿尔瓦所说，并非每个人都需要参加跑步比赛——有时，当你看到超级健康的人可以轻松地跑完几英里时，会对跑步产生畏惧之情。我从来没有想过我能成为一名优秀的长跑运动员（我会很快感到饥饿），我对现状很满意。你觉得怎样做对自己有好处就怎样做——如果跑马拉松对你有好处，那就太棒了；如果绕着街区慢跑可以帮助你走出抑郁，同样也很棒。现在，阿尔瓦已经能熟练地跑步了，她很好地描述了自己从抑郁症中恢复的过程：“我知道，如果有人告诉过我，跑步是如何帮助他们走出抑郁的，我的状况可能不会那么糟糕，我也不会任其发展。然而，时间带来新的视角，我意识到，如果腿受伤的人需要请别人帮忙扶着门以便通过，我也不该再为自己的抑郁或低落情绪感到羞愧。”

多年来，我一直否认自己有过焦虑和抑郁的经历。我担心人们歧视我、评判我或远离我。即使长大以后，说起焦虑症我依然会轻描淡写，拿它开玩笑，从不向任何人透露我脑子里的黑暗想法。“我只是觉得有点低落”是我常说的一句话，我会找借口，取消计划，提早离开某个地方。我会告诉老板我生病了，而不是向他解释我因恐慌发作而无法乘车。有一次我不得不在大街上席地而坐，因为我觉得自己快死了。这个念头一直不消散，我只好叫了救护车，去了医院。现在我觉得羞愧，因为我浪费了英国国家医疗服务体系的时间和金钱。但这恰恰反映了当时我的感受有多糟糕。我告诉同事我摔倒了，而不愿承认我无法应付脑子里的奇怪念头。

阿尔瓦坦率地向我讲述了她的故事，因为她想让人们知道，心理问题是可以拿出来讨论的。她的康复经历证明，没有什么需要隐瞒的，也没有理由为坦白病情感到尴尬。当你觉得自己已经克服了最坏的情况时，你往往更容易谈论心理问题——天空已经放晴，你看待自己的眼光不再那么消极。心理疾病伴随着大量自我批评，很少有心理疾病患者不曾以某种方式责备自己，哪怕是暂时的。我也一样。直到开始跑步，我才觉得我可以更公开地和人们谈论这些年来我经历的挣扎。我的故事对别人有意义，这是一件好事——一次糟糕的分手让我尝试跑步，反过来，跑步又促使我诚实谈论自己的焦虑问题，我意识到，这些问题可能比表面上更严重。有趣的是，在一段糟糕的感情破裂后，我才平生第一次坦然面对自己的其他问题。人生总有一线希望吧？

跑步帮助人们度过心痛时刻——让人们在伤心、狂吃冰激凌、翻来覆去听 Spotify（互联网音乐服务平台）随机播放的悲情歌曲之外，获得短暂的解脱。虽然分手意味着失去另一个人，但这并不是人生最痛苦的事。我妈妈会对我说："又没有人死掉。"或如斯蒂芬·金（Stephen King）所说："心会碎的。是的，心会碎。有时候我觉得在心碎的时候死去会更好，但我们没有死。"（图片社交平台 Pinterest 的励志版面上到处引用这样的话。）[103]

但如果真的有人死去呢？如果你经历了亲人离世的强烈悲伤，完全不知如何获得安慰、减轻痛苦怎么办？作家卡特里奥纳·孟席斯－派克（Catriona Menzies-Pike）20 多岁的时候，在一次空难中失去了双亲，她尝试通过跑步面对这一重大丧失。她不像我一样，在心情好的时候漫无目的地随意慢跑，而是选择了长跑。她认为，马拉松训练的结构和纪律为那些丧失一切的人提供了他们正在寻找的秩序。在她的书《长跑回忆录：运动中的丧失与人生》（*The Long Run: A Memoir of Loss and Life in Motion*）中，她解释道："丧失的后果是耗竭性的、重复的，而且往往极度枯燥——马拉松训练也是如此。但肉体的耐力可以把难以捉摸的悲伤转化成有形的存在，比如肌肉酸痛和水疱儿。这种痛苦是很容易描述的。"[104]

抗抑郁药不会让你快乐，跑步也并不总能带来快感。在极度悲伤的时候，你可能会用跑步来惩罚身体，在生理层面体验精神层面的痛苦。有时这会迫使你把注意力集中在悲伤以外的事情上。

最好的情况是，它可能会让你对悲伤感到麻木。

一开始跑步的时候，我是为了对抗自己迅速恶化的心理健康状况，驱散分手带来的悲伤。但我很快意识到，跑步并不能把我从悲伤中解脱出来。然而，跑步帮助我的大脑平静下来，给我提供了处理烦恼的空间，因此，它也可以引导我度过更糟糕的状况。

跑步几个月后，我彻底改变了主意。我感觉好多了，不再受惊恐发作的困扰，也不再出现持续的、强迫性的想法。我不再痛哭着想起我的丈夫。我不厌其烦地向人们解释，跑完步的兴奋可以战胜每一个醉酒的夜晚。然而，不久之后，我的一位朋友去世了。她是我的人生导师，是我的另一位母亲。

乔琪已经病了一段时间，她以天生的决心和钢铁般的意志与癌症做斗争。但很明显，她没有战胜癌症（事实上，我讨厌这个说法，好像有些人能凭自己的意志战胜癌症，而有些人则不能似的）。我们和她一起度过了一个美好的暑假，她喝了内格罗尼鸡尾酒，躺在睡椅上，戴着一顶大帽子和一副太阳镜，看起来和从前一样光彩夺目。我们一起过了新年，她病得更重了。她像往常一样，开我爸爸的玩笑，要求听八卦消息，她的笑声还是那般爽朗。随后她的病情急转直下，尽管我们都知道会发生什么，但内心深处还是无法相信这个事实。你怎么能想象你认识的最有活力的人将要离开这个世界呢？仿佛物理空间出了问题，我们脆弱的存在破碎了。

她去世的那天，我平静地离开公司，走回家。我没有被悲伤淹没，因为我真的无法想象她不在了。我想这是典型的延迟反应。最终，我接受了这个事实，随后悲伤席卷而来。

我们失去乔琪以后，跑步对我来说完全是自我惩罚。我跑得更远、更快；我在雨里跑，我往山上跑。我希望跑步带来的身体疼痛驱散心中的悲伤。我的双腿灼痛，肺活量激增，心跳剧烈。我不觉得刺激，没有快感，也没有成就感。我只想做点儿什么。

起初，我并不确定这有没有帮助。从前，跑完步以后我会立即感觉好多了，而且负面情绪也会有所改善，但这次我并没有感到轻松多少。不过，艰难的跑步造成的身体不适稍微抵消了一些精神上的痛苦。我似乎并不是唯一一个采取“用痛苦来缓解痛苦”策略的人。2017 年，卡迪夫大学（Cardiff University）的研究人员发表了一篇名为《向不堪重负的自我贩卖疼痛》（Selling Pain to the Saturated Self）的论文。论文作者对完成了“最强泥人”国际障碍挑战这一艰难体能挑战的人进行观察，试图理解疼痛对人的影响。[105]“最强泥人”有一系列 25 项严酷的训练——需要穿越沼泽地或者冒触电的风险吗？这些可能超出了你的需求。研究者想知道为什么有人会主动选择忍受痛苦，而不是像我一样尖叫着逃跑。通过采访一些“最强泥人”的参与者，他们发现，身体的不适似乎会使人们通常的大脑活动暂停。“当意识被疼痛淹没时，参与者似乎无法产生复杂的想法。痛苦暂时中止了自我的反射性程序。”

因此，在用全身的每一个部位感受疼痛时，我能够关闭包围着我的悲伤。不是很久，也不是永远，但足以让我看到一些光明。卡迪夫大学的研究表明："疼痛能暂时抹去自我。当个体被不快乐的情绪淹没时，疼痛会暂时消除个体身份造成的负担，形成一种独特的逃避方式。"

我认为，消除身份的负担很有帮助。生活是艰难的，有些情绪可能太过复杂，很难处理。有时你想摆脱生而为人的艰辛，哪怕只有几分钟也好。跑步不是假装生活并不艰难，它是一段休息，一次提升，一个暂停。研究人员总结了他们对身体疼痛的解释："逃避并不总是显而易见的行为。如果在一些短暂微小的瞬间，可以暂时忘记自己的身份，这也是一种逃避。"

在一个极其可怕的消息的冲击下，克里斯开始跑步。他的父母都得了绝症。"父亲患有痴呆症、慢性阻塞性肺病和肺癌。而妈妈患上了运动神经元疾病，不会说话了。本来是由妈妈照顾爸爸的。现在不行了。"

克里斯告诉我，为了在表面上维持一些对生活的控制感，他开始跑步了。"我只能安排护理人员和医院，其他什么事情也做不了。但我能保证一定照顾好自己的身体，降低我和孩子们陷入类似处境的风险。也许我有些恐惧。跑步也让我走出家门，户外不断变化的风景可以使我远离烦恼。"

带着悲伤跑步不同于日常追逐快感、寻求高峰体验的跑步。

在无助的时候，克里斯希望做一些能安放注意力的事情。“第一次跑步的感觉很糟糕，因为我高估了自己的体能，我费尽力气，气喘如牛——直到我跑了两三次后，身体状况才逐渐好转。起作用的并不是人们常说的内啡肽——尽管后来它可能发挥了一些作用，那种更美好的感觉是因为我给自己制定了纪律。我开始在晚上跑步，跑了几次之后，我觉得早起跑步会更好。在早晨跑步会让我感受到一些成就感，即使那天其余的时间糟糕透顶。”

跑步在身体和精神层面帮助克里斯度过了生命中这段悲伤且充满压力的时期。“跑步有分心的作用，因为你的身体在做一些事情。我认为这会减缓大脑某些部分的运作，而且如果你的肺撕裂般疼痛，或者你想停下脚步，其他的想法就得排在后面。大脑只能考虑真正重要的事情，所以跑步可以帮助你从麦麸中筛选出小麦，设定事务的优先次序，组织思想。跑步还能提醒你，你是一个‘人’，尤其是当你在黎明时分走出家门的时候。这时我的脑海中会浮现出原始的画面，想起自己在宇宙中的位置。有时候，你还来不及思考，就已经跑完了一程，你很平静，精神也很振奋。我想说，最重要的是，跑步带来新的视角。”

跑步使他更有精力应付日常照顾父母的辛劳，这是一项颇具压力、费心费力的工作，很容易让人疲惫不堪。“我认为，身体更强健有助于缓解压力。照顾病人很辛苦，需要耐力。”

克里斯说得很对。悲伤和压力令人疲惫不堪，你可能会在瞬间用光所有的能量。当你忙着照顾别人的时候，很难照顾好自己。跑步可以让你恢复一些能量。跑步不是按摩，也不是足疗，但它是一种自我关爱，比吹干头发更能让你恢复元气。很多人以为，把一些时间留给自己是一种放纵或奢侈，但事实并非如此——给自己充电至关重要。在户外流汗 20 分钟可以赋予自己力量。克里斯仍然每周跑步三到四次，他说跑步是一个安慰人心的“老朋友”，我爱这个老朋友。生活中的高潮与低谷起起伏伏，但奔跑依旧。“你知道这会有帮助的。我想其他人可能面对着更加糟糕的状况——我只是（曾经）需要解决一些实际问题。”

对于我们这些希望通过跑步解决问题，摆脱失落和悲伤的人来说，这都是真实情况。一个人表面上像是在随意地跑 5 千米，但你根本不知道他们从你身边跑过，面目狰狞地冲上山坡的真实原因。每天有几百万人跑步锻炼，其中有许多人可能是为了暂时逃离现实生活。他们并非决定要逃之大吉，永不回头，而是希望在跑步之后，带着更平静的心态，更安静的大脑，心甘情愿地重返现实生活。在这个过程中，跑步一直在发挥作用。

虽然我坚信，你必须找到适合自己的最佳状态，而且不要拿自己和别人比较，但我也想向另一群跑步者致以敬意。他们跑马拉松、参加比赛、在公园里跑步，目的是为了帮助别人。糟糕的境遇激励人们开始跑步，也会激励一些人去做好事。如果你了解一下慈善长跑，就知道有多少人把运动作为募集资金和提高知名度的公益事业了。2017 年，伦敦马拉松为慈善机构筹集了 6 150 万英镑。该赛事自 1981 年启动以来，募集的总金额超过 8.9 亿英镑。2017 年募集的善款额度打破了历史纪录，成为一个时代的标志。当年主持募捐的慈善机构是 Heads Together，是英国王室创建的促进心理健康的慈善机构。

伦敦马拉松是一项巨型赛事，但它并不是唯一的赛事。在英国乃至全世界，都有成千上万的人忍受着膝盖的疼痛和双脚的疲惫，成群结队地跑步，为了纪念失去的亲人，提高人们对心理健康的意识，或是为当地的社区项目筹集资金。这些参与者的决心和善意征服了我。他们中有许多人有自己的心理问题，或是经历着心碎和悲剧。然而，他们在用自己的双脚为别人付出。跑步对他们来说，不仅仅是个人化的挑战，还是为了避免别人也经历类似苦难的努力。如果你下次收到募捐邮件，请考虑一下。只有少数人会接受这样的挑战。

2015 年 8 月，我的一位好朋友去世了。她身边的人失落得无以言表。费蒂斯是一个活泼、热情洋溢、积极向上的姑娘，她甚至还没有来得及向这个世界展示她所有的闪光点就离开了我们。她去世了。但她的妹妹在巨大的悲痛中，报名参加了伦敦马拉松。她募集了 2.6 万英镑，用于帮助那些与病逝的姐姐患有相同疾病的人。在深重的悲伤中，那种力量和决心是不可思议的。如今她再一次报名参加马拉松，为了纪念她的姐姐，为了募集资金，为了不让另一个家庭经历同样的悲剧。对于那些为了纪念离世亲人而跑步的人来说，跑步变成了一种安放自身精力的方式，一个播下积极种子的渠道。

迈克尔和瑞秋的儿子是死胎。“99% 的人会关心地问瑞秋怎么样了，”迈克尔告诉我，“没有人会问我是否还好。人们都说为了她我要坚强。所以我的心理健康受到了影响。我表面上微笑着，内心却破碎了。简单的任务变成了苦差事，我发现自己想躲起来，这样我就可以偷偷地哭了。我几乎感到羞愧。”

不幸的是，迈克尔遭遇的悲剧并不罕见。死胎和流产慈善机构 Sands 表示，过去人们主要关注如何帮助母亲渡过这一难关，现在需要做更多工作帮助那些受死胎悲剧影响的男性。[106] 迈克尔需要找到一个焦点发泄他的悲伤，他找到了。

“在英国皇家空军服役期间，我的身体一直很健康。失去凯尔 3 年后，我被要求参加一场接力赛。这次比赛给我带来一种新鲜的感觉。我发现我可以打开音乐，用双脚发泄我的沮丧。跑步为我创造了一个从未有过的情绪出口。后来我开始跑马拉松，一方面是自我鼓舞，一方面为了募集善款、提高群众的运动意识，这使我获得了一种信念。这是我最需要的治疗。从 4 英里的训练到 20 英里的训练，都能让我暂时从现实中脱身而出。”

对大多数人来说，这可能已经足够了——跑步帮助他“忘记了世界”。但迈克尔选择更进一步。“我跑步一直是为了纪念凯尔。

我觉得他希望我这么做。我的目标是提高人们对失子之痛的意识，并募集资金，希望避免其他父母遭受我们经历过的痛苦。哪怕只有一个人看见我们的慈善机构的名字，或者通过这个渠道了解到如何监控胎儿的踢腿次数[①]，就有可能挽救一条生命。我们应该感谢我们的儿子，他没有白白死去。跑步是我的治疗方法，也是我们全家的一大安慰。”

现在，迈克尔通过跑步为Sands募集资金，帮助其他经历过类似丧子之痛的人，并资助旨在防止其他家庭遭受同样悲剧的研究。他跑过6次马拉松，募集了8 000多英镑——他有一个博客，网址是https://kylesdaddy.wordpress.com/。请一定去看看他的精彩作品。

显然，那些为了助人而跑步的人也有自己的收获——如果跑步不能给他们带来一些安慰，或者不能为他们积累一些心理能量，那么这项挑战将更加艰难，甚至没有效果。迈克尔总结了在充斥着悲伤、困难、意外的生活中，跑步是如何鼓舞他前进的：

“跑步对我来说非常有效。我们失去凯尔时，我很无助。而当我妻子在26岁患上癌症，我女儿在5岁被诊断出患有银屑病时，我再次陷入无助。跑步是我唯一能控制的事情。在跑步的时候，我能抵达从未想象过的自身的极限。我可以自我疗愈，缓解压力

① 监控胎儿运动可以预防晚期分娩并发症和死胎。——译者注

和紧张，在高地的空气里找到属于自己的宁静。跑步让我恢复了信心。我现在可以写博客，畅所欲言。以前我做不到。我想可以说跑步拯救了我的人生。”

将跑步作为助人手段的不止这些人。在我写这本书的时候，我收到了一位女士的电子邮件，她想跟我谈谈她和她的合作伙伴经营的慈善机构的情况。对于那些见缝插针推广自己的产品和活动的公关人员，我总是持谨慎态度。但读了一些相关资料后，我的兴趣被激发了，于是我顺道去了附近一家咖啡馆，见到了该机构的创始人亚历克斯·伊格尔。喝着咖啡，亚历克斯解释说，他已经在一家流浪者日托中心工作了 10 年，但他一直在寻找一些新项目，后创办了慈善机构“跑步”。

这家慈善机构相信跑步能增强韧性，增强自尊，为 16 岁至 25 岁的流浪者或有流浪风险的人提供锻炼课程和跑步项目。“我们与日托中心和旅馆合作，我们会去到服务对象的住处，在那里提供每周三次的健身课程……我们从大量室内活动开始，为每个年轻人制订个性化的目标设定计划——计划可以很简单，比如让他们按时出现，做一份工作。很多很好的慈善机构提供工作和住房。我们正在努力改善人们的心理健康。这就是我们做的事。”

亚历克斯白手起家创办了他的慈善机构，在力所能及的范围内募集资金，为了省钱，他在一间小库房里办公。但他坚信跑步可以帮助弱势群体。他所讲述的故事证实了他的信念。在一个吸食海洛因成瘾的年轻人完成了第一次泥地跑后,他对亚历克斯说:“当我拿着那枚奖牌时，我知道我可以在我的生活中取得任何成就。”

“是的，就是这样——这就是这项工作的重要性。他获得了对这件事的掌控感。”亚历克斯自豪地告诉我。他认为，他在工作中遇到的年轻人往往对自己的生活没有什么控制力。“当一个年轻人或任何人流离失所、深陷困境时——他们可能非常努力，但却解决不了问题。你到一个流浪者收容所求助，床位满了；你去就业中心寻找机会，但迟到一分钟就会受到处罚。你的机会不多。”

“跑步或任何一种健身方式的美妙之处在于，如果坚持一个小时，下次就可能做得更好。你发生了改变——实际上你是有控制力的，生活中的一些基本元素是受你控制的。这对我们帮助的年轻人来说很重要。跑步可能是通往更好生活的一个开始。”

“跑步”慈善机构以其人性化和轻松的方式，加上专业的导师，帮助许多处境艰难的年轻人发现跑步这个工具并加入一个团体。亚历克斯强调了孤立的危险，并提及越来越多有过切身体验的人后来加入了慈善机构当中。

赞赞姆成为难民后，被安置在一座收容无家可归的年轻人的房子里，那里的工作人员请她加入“跑步”慈善机构。他们和赞赞姆一起工作，在 2012 年伦敦奥运会上，赞赞姆成为代表祖国索马里参赛的两名运动员之一。她现在有了私人住所，并继续接受亚历克斯团队的指导。

诚实地说，那些致力于发掘跑步更大意义的参与者对跑步的热情甚至可能超过我。一位名叫克劳德的学员代表这个慈善机构跑完马拉松后，一名来自曼彻斯特的男子主动联系他，希望加入这个机构。“我们没有钱，但我们能给予他支持和帮助，避免他陷入困境。”这位男子名叫乔治，他辞去了长达30年的工作，重新抵押了自己的房子，现在他全职从事这个项目。这些人放弃了他们的自由时间、精力和工作经验，所有这一切都是因为他们知道跑步能以比许多人想象中更强大、更持久的方式改变生活。

“我们的初衷不是培养马拉松运动员。”（虽然他们确实培养了不少马拉松运动员）亚历克斯说，“跑步是一个非常强大的工具——哪怕你每周去公园跑步，你也会感觉更好。”

8 km

了解自己的极限

8 km

了解自己的极限

我今天在牛津附近跑步。这是一个跑步的好地方——这座城市到处都是美丽的设计，令人目不暇接。你会时不时停下来凝视古老的塔尖、彩色玻璃、古老的酒吧以及忧心忡忡的学生。我一直没有完成大学学业——焦虑占据了我生命中的那段时间，所以，直到如今，我还是有点儿嫉妒那些能完整地享受大学时光的人。除了鹅卵石街道和令人迷惑的路线，在这儿跑的 8 千米棒极了，我放慢速度，想探索更多细节。当转弯跑到主商业街上时，我遇到一群带着相机、自拍杆和背包的游客。一只伸出的脚绊住了我，我预感到自己马上就要重重摔倒在地。我跑步时经常摔倒。也许我比别人笨，也许我的脚趾生长的方向不对。不管为什么，在户外摔跤对我来说是家常便饭。最糟糕的感觉是，在那一瞬间，你可以预知即将发生的事。全身陷入恐慌，在空气中张牙舞爪地扑腾。但这从来起不到作用，你必须接受现实，与地面亲密接触。于是我摔倒了。最后，我的左侧大腿在地面上滑行了几秒钟，紧身裤撕裂了，泪水在眼眶里打转。有些游客关心地低头看我，有人向我伸出援手，我捡起了那部摔坏了的手机（我用同样的方式把这部手机摔坏了 8 次）。我可以厚着脸皮对你说，摔倒是生活的一部分，你要学着爬起来。在这方面我做得很优秀。也许不够优秀。在公共场合无助地栽跟头有一种滑稽感，如果站起来继续跑，你会觉得自己像个惹是生非的混混。你也可以选择等尴尬气氛过去，一瘸一拐地买一块巧克力吃掉，让自己振作起来。那次跑步在我的臀部留下一个小伤疤，至今还在。

为什么要跑马拉松？

我说过我不擅长跑步。也许算不上糟糕透顶，总之是有点差劲。这不是自谦——我花很多时间跑步，而且几乎每天都会跑步。我鼓起勇气读了作家村上春树的一本稍显严肃的作品《当我谈跑步时我谈些什么》（一位当代最伟大的作家写了一本精彩的书谈论跑步，由此可见，跑步是一个很棒的写作主题，我也可以尝试）。我很高兴地发现，我每周跑步的里程与村上春树相差无几。[107] 只是我跑步的速度从来不比在小巷中跑步时快多少，而且从来没有超过 15 千米。我从来没有考验过自己的极限，甚至连半程马拉松都没有参加过，更不用说全程马拉松了。跑马拉松这个想法让我充满恐惧。参与者兴高采烈，其中一些人穿着可笑的服装，连续跑几个小时，然后被裹在锡箔毛毯里。更别提还要进行长达几周甚至几个月的训练，其间要保证健康饮食，早睡早起，不能饮酒。谢谢，还是算了吧。

因此，有时候当我告诉别人我正在写一本关于跑步的书时，我会觉得自己像个骗子。他们很自然地认为我是一名经验丰富的长跑运动员，继而询问我最艰难的跑步经历。我通常不会坦诚相告，我最艰难的一次跑步经历就是跑到距离我家9千米的地方，中途因为太饿，只好停下来吃个三明治。后来，那些出色的马拉松选手总是令我深感震惊，但这从来没有成功激励我去效仿他们。马拉松看起来太难、太无趣、太专业了。所以我告诉你，我不是一个优秀的跑步者，希望你还能相信我的建议。布莱尼·戈登参加过伦敦马拉松，但她也认为自己是一个糟糕的跑步者。所以，我显然不是唯一糟糕的跑步者。

这并不是说你不能以快乐和略显业余的心态参加马拉松比赛。亚历山德拉·海明斯利在《像女孩一样奔跑》这本书中，对于参加马拉松比赛（接着是一场又一场）充满了坦率纯粹的乐观态度，以至于我几乎想报名参加一场大型比赛。请注意，是几乎。她写道："当我的腿有力量追上成群结队的人时，赛前的每一次跑步训练突然变得有意义了——我不是一个失败者，我不可怜，我不软弱。我已经证明了我可以实现设定的目标，我可以重新定义我是谁，我可以成为谁。"[108]

人们都希望拥有一个目标，尤其是当你感到沮丧或焦虑的时候。目标带来的形式感，不让任何人失望的雄心，以及见证自己在某件事上有所进步的快乐——这些我全部理解。但我现在谨慎地控制着我的跑步时间。一开始我跑步是为了避免心碎和抑制焦虑。我从未想到，跑步还会给我带来快乐和自信，并使我爱上运动。然而，现在我体会到了这一切。我打算安于现状。我发现，没有所谓正确的跑步方式。有一位住在我家附近的老人每天都跑步去超市。他穿着过短的短裤，佩戴着一条在 20 世纪 80 年代劣质电影里出现过的那种吸汗带。这样的跑步方式显然对他很有效，因为他的速度非常快。我看到一个女孩奇怪地在附近广场上绕圈跑步，我想知道她为什么不延长路线，直到我想起自己在开始跑步的几个星期内都不敢离开那条小巷。还有人在跑步机上跑步，他们在缺氧的健身房里持续锻炼，表情严肃而愤怒。但他们就这样一直跑啊跑，不会在湿漉漉的刮着大风的小径上迷路。

还有一些人想跑得很远很远。他们想跑马拉松，然后跑超级马拉松。超过正常 26 英里的赛程可称为超级马拉松。扎克·米勒（Zach Miller）就是这样一位跑步者，他经常跑 100 多英里的赛程。他在接受《卫报》（*The Guardian*）采访时描述了这种感觉："跑步是最接近飞行的状态……这是别人说的，但我很喜欢这句话。有那么一瞬间，你离开了地面。当你跑得和我一样远的时候，你会体验到很多这样的时刻。"[109]

有时，挑战艰难目标时体验到的痛苦越强烈，说明你做得越好，痛苦是一个具体的标准。正如村上春树在《当我谈跑步时我谈些什么》中写的："正因为痛苦，正因为刻意经历这痛苦，我们才能从这个过程中发现自己活着的感觉……至少是发现一部分。"[110]

我在前面讲过妮古拉的故事，创伤后应激障碍带来的痛苦激发她开始跑步。“我在 2013 年离开英国皇家空军，2015 年观看了伦敦马拉松比赛，然后决定参加比赛。于是我参加抽签，开始训练。我发现，当我开始跑步时，身体变得放松，内心也更快乐。我跑得越多，感觉越好。我最终搬到自己家里，找到了一份体面的工作——一切似乎都很顺利。”

“我通过勇者游戏基金会（Invictus Games Foundation）取得了 2018 年 4 月的参赛资格。自 2015 年以来，我已经参加了 95 场比赛——赛程从 1 英里到 100 英里都有，以及从伦敦到布莱顿的徒步。跑步帮助我克服创伤后应激障碍，而且收集奖牌似乎变成了我的一种癖好。”

妮古拉发现，比赛带来的挑战有助于改善情绪。“现在我觉得好多了。我确实有过觉得事事不顺的怪异时期，但现在的好时光比那些日子重要得多。我在伦敦有自己的公寓，现在可以随时做自己喜欢的事。我也开始在剧院工作，并成为影视剧临时演员。”

所有这些人都有一个共同点。他们都是跑步者。我从来不想强迫自己跑 100 英里。那会让我痛恨整个过程，失去对跑步的热爱。但我完全理解“飞翔”这种奇怪而诱人的感觉，我想所有的跑步者都会这么说。亲自尝试的乐趣之一就是不知道它会把你引向何方。我的跑步里程属于中等长度，几乎每天都跑。有些人可能一周跑两次 5 千米，另一些人可能会彻底选择竞赛性跑步，顶着烈日参加所有的比赛。我跑步是为了心理健康，别人可能是为了身体健康，但最终我们在跑步中获得了同样的益处。

我的一场“完美跑步”可能与你的不同。通常它发生在早晨，我已经彻底醒来，想到这一天需要处理的事务——截止日期、需要支付的账单、一些容易让我陷入其中的琐事，感到有些不知所措。

跑步的前 10 分钟必定是疼痛的。我必须强迫自己跑完前 10 分钟。开始的时候，我总是感到自己笨重缓慢，就像叮当作响的铁皮人走在黄砖路上。10 分钟后，我的身体放松了，我终于不必集中精力勉强自己跑下去。状态开始变好。我的大脑和身体在某种意义上“分离”了。我能感觉到脚踩在人行道上，手臂在摆动。我既处在当下，又不在当下。思绪有些飘忽不定。有时，我只是凝视着周围的建筑，或是城外的绿植。有时，我想起过去的一些时光，那些场景完全无意识地浮现在我眼前。我经常会想到更宏大的问题——我的事业，我爱的人，有一天我会不会想有个孩子（但我从来没有在跑步的时候成功地回答过这个问题）。无论如何，我不会惊慌失措，也不会让自己的头脑陷入混乱。

跑步的时候，思绪来了又去，没有执着，没有畏惧，也没有非理性的想法。通常，一次好的跑步会让我看见一些新事物，或是为我创造出思考不同事情的空间。若非如此，我也并不担心。偶尔，一次好的跑步意味着什么都不想，但是感觉很舒服。你多久能有一次这样的经历——任凭大脑走神，而不会担心做事效率，也不急于寻找手机或笔记本电脑，重新和这个世界产生联系？人们通常认为，暂时断网是一种避世妙方，尤其是在这个充斥着永不止息的新闻的时代。

2016 年到 2017 年的大部分时间里，我在做新闻编辑。从前我的工作属于评论和观点领域，成为新闻编辑后，工作节奏明显变得疯狂了——但远不及新闻本身疯狂。记者们经常开玩笑说，2016 年发生的世界大事前所未见，我认识的所有电脑编程高手到了年末都筋疲力尽。我们确信 2016 年是一个不正常的年份。但我们都错了——2017 年才真的是丑态百出的一年。令人瞠目结舌的事件相继出现，集中爆发——其中每个单一事件原本都可以独霸新闻版面数日，如今它们只闪现了几个小时，就被其他同样引人注目的事件覆盖。惊人的、悲惨的和令人困惑的事件接踵而至，人们无法一一深刻地感受——旋转木马般没完没了的新闻让人们疲惫不堪，对一切都麻木了。我记得，在那段时期，有时我们连上个厕所都担心错过一些重要事件（我和其他同事在 2016 年有过几次这样的经历，因此我们变得有些偏执）。我曾经在酒吧里报道过一起恐怖袭击，当时其他人都喝醉了。在一家百安居商场里，我和父亲一起度过了一个怪异的上午，他在我身旁选购一些家装 DIY（自己动手）材料，我坐在几堆强化地板上，试图找到一名记者报道菲德尔·卡斯特罗（Fidel Castro）的死讯。

新闻带给生活冲击，现在我们都能通过社交媒体、手机信息、生活博客等渠道实时获知正在发生的事件。关于人应该接收多少新闻一直是一个有争议的话题。有人认为，新闻刺激皮质醇分泌，提高焦虑水平，我们接收的信息可能使人变得沮丧和迟钝——老实说，新闻大多是负面消息。

但这是我的工作，所以从早上醒来的那一刻到晚上睡觉的那一刻，我接收了所有的新闻。更糟糕的是，有时候就连深夜也会爆出重大新闻——在大部分人都以为尘埃落定时，令人震惊的英国脱欧结果在人们进入梦乡时公布了。这意味着我没有机会参加美国大选了。这对我来说是好事，对全世界来说也是好事。

然而，这个过程使我体内的压力激素倍增，我的胃里好像有众多旋转着的芭蕾舞演员不停踢着我的内脏，我开始紧张性头痛——这是继 20 岁出头时我因头痛怀疑自己得了脑瘤后第一次出现类似症状。我害怕醒来，因为我怕一夜之间发生新的事件，而我没有及时报道，需要匆忙补救。我在 22 岁的时候，每天早晨醒来焦虑感爆棚。现在我 32 岁了，又一次处于同样的境地。但这一次，焦虑的内容与工作有关，而不是广泛性的。

可我已经不是 22 岁了。我长大了 10 岁，总算变聪明了一些，也有了一些应对技巧。感谢命运。最主要的是，我可以通过跑步摆脱痛苦。就在这个时期，我发现了我最享受的跑步最佳状态。我充分发挥了这一最佳状态。我不再沿着运河一边跑一边异想天开，不再穿越城市去观光，不再穿越人群，也不再为了消除宿醉而跑步。在这个时期，跑步起到的作用是帮助我消耗肾上腺素，让我暂时离开电脑，脱岗一段时间。我决定每天下班后跑步回家。跑步的时候，我忽略所有信息，只听不会提到任何突发新闻的音乐或播客。在这之前，我从来没想过这样做。一天的工作结束后，在别人都去酒吧的时候，筋疲力尽、饥肠辘辘的我换上运动服，背上沉重的背包出发了。我不在乎别人觉得我有多可笑。路线永远是同一条，这是我的奋斗之路——我通常想在跑步的时候看到一些新鲜事物，跑完这条路线需要 38 分钟，大部分是上坡路。对我这样一个缓慢的跑步者来说，跑完这短短 6 千米所用的每一分钟都是一场挣扎。但我坚持了下来。在新闻部门工作期间，我每天跑步回家，这是减轻新闻冲击给我造成的压力的最好方法。一旦回到家，重心就转移了。我的思绪在跑步过程中平静下来，稍稍放松了一些。许多人在通勤途中面无表情地奔跑，他们将工作服塞在背包里，避开人群，冲向家里平静的沙发。我永远对这群人怀有深厚的感情。也许他们当时没有意识到，这是他们日常生活中重要的休息。

就是这样，我找到了一些可以缓解心理健康问题的方法。我意识到，我不能只在心碎的时候跑步，在试图克服恐慌发作时跑步。在快乐、健康、略有压力或是疲惫的时候，我也必须跑步。跑步不是一个只能在阳光明媚的日子里或是我觉得自己已经“被治愈”时使用的工具。反倒是在艰难但尚未失控的时刻，跑步更为必要。至今，跑步对我来说仍是必做之事。在那样的时刻，事态可能会在你未曾觉察的时刻急转直下——旧有的焦虑可能会以超乎想象的速度卷土重来。

保持警惕非常重要。不要误会，我并非提倡在生活中时时刻刻保持高度警惕，我真正想表达的意思是，你应该时不时检视一下自己的情绪，而不能期望一劳永逸，再也不会因心理问题而变得盲目。

我对工作感到恐慌，不得不去报道铺天盖地的恐怖新闻让我有些绝望。由于工作性质特殊，我的例子可能比较典型。但我也知道，每个人的职业生涯中都有压力巨大和极度困难的时期。自从每天跑步回家，我发现了很多类似的男男女女。他们背着沉重的背包，表情严肃而坚定地穿过城市。为了摆脱工作带来的焦虑，他们跑步回家，而不是坐在地铁上沉思这一天发生的种种。

就在这个过程中，我找到了跑步的最佳状态。在这之前，我总是督促自己跑得更快更久，认为只有参加比赛、坚持训练或加入跑步俱乐部，我才能成为一名“合格”的跑步者。我从来没有做过这些事，但我仍然会自责：我只跑了 10 千米；我跑得太慢；我独自一人跑步。在从事一份高压工作期间，我在每个工作日跑步——这并非我理想中的跑步方式。这时候，我就像费力拉车的马匹，而不是优雅的骏马。然而，当我发现自己的大脑嗡嗡作响的时候，跑步回家是一剂补药。这是功能性的跑步，所有的努力都是为了尽快回家。我穿过黑暗的街道，在雨天跑，甚至在雪天跑。没有跑步者的快感；没有冲下山坡时的澎湃喜悦。但当我跑到家时，我觉得积累了一天的肾上腺素都被释放了。因为每天一边运动一边关闭大脑 38 分钟，我得以恢复精力回复邮件或继续追踪新闻。这意味着，即使第二天早上醒来时肾上腺素激增，我也知道我可以在下班后将其消耗掉。22 岁的时候，我每天都被肾上腺素困扰。现在，即使我不能完全摆脱它，我也能控制它，把它限制在一定范围。

每天跑步 38 分钟。这不是一场漫长的马拉松，也算不上半程马拉松，连 10 千米都不到。但这抑制了多年来我受困其中的心理健康问题。这段距离对我来说刚刚好，太长的话我会疲惫不堪，太短的话大脑不会“关闭”。我从新闻记者部门离职后，有过更漫长、更快乐的跑步经历，我还尝试了晨跑，但正是那段工作时期的跑步经历让我认识到，跑步是需要长期坚持的运动。跑步并不总是有趣的。你甚至不需要跑得太远。跑步以一种新的、有规律的方式为我服务。就像大多数人一样，我必须使跑步适用于更多场景。跑步不是一种令我陶醉其中的奢侈享受，而是一天当中至关重要的事，它让我获得去做其他事的能量。就像我说的，你会找到自己的最佳状态，跑步的魔力在于每天的状态都不一样。一些人也许不借助外力就能出色地完成工作，一些人可以经由每周一次跑步、练习瑜伽或享用美味晚餐来达到这个目的。但我需要一段特殊时间，只有跑步能为我创造这段时间。好吧，还有喝酒。酒对我来说总是很重要。但医生不会建议你喝酒。真遗憾。

有时跑步者很像传福音的人，我不知道我有没有成功说服你（我在说笑）。每个跑步的人（好吧，也许不是每个人，但我还没有发现例外）只要听说别人也在跑步，就会兴奋起来。这个群体似乎与秘密组织恰好相反。然而，由于他们太渴望分享跑步的快乐，难免想要指点他人。“哦，你还没有在本尼维斯山上跑过吗？一定要去，那是不同的层次。每天早上，我去布莱顿上班之前，都去那里跑步。”实际上，我是在自我炫耀，这不太公平。不过我是瞎编的。让我们把这一段掐掉。毕竟，我写了一本探讨你为什么应该跑步的书，但我也曾多次被那些比我跑得更远的人吓倒。虽然大家都是善意的，但有时别人的话会动摇你对自己的期望。最好从小处着手，找到自己的最佳状态。话虽如此，接下来我还要提出更多建议——我保证这些建议都不涉及向山坡上冲刺或退着跑步（有人曾经敦促我试一试）。

我之前提到过，如果你从来没有跑过步，想开始尝试，我推荐你使用应用程序“五千米教练”。我就是从这个软件开始真正对跑步上瘾的。我制定的清晰程序既能鼓励我前进，又能提醒我返回。（顺便说一句，那些不断提醒你没能跟上程序的应用软件会不会给其他人带来生存危机？）但这并不是开启跑步旅程的唯一方法。我不想使用“旅程”这个词，啊，嗯，就用“实验”来代替吧。跑步俱乐部是非常流行的。你可以用谷歌搜索关键词“英国田径”（England Athletics），在附近找一家跑步俱乐部。我说过我更喜欢一个人跑步，尽管如此，我发现和朋友一起跑步的时候，时间过得更快。来自他人的鼓励真有可能促使你坚持下去。如果我在一开始跑步的时候病得没有那么严重，没有那么不理智和消极，我可能会以更开放的心态加入一个俱乐部。对于那些已经开始跑步的人来说，Parkrun 是一个很好的开始，这个组织的创立原则是“每周一次，免费，5 千米，适合每个人，直到永远”。该组织在英国有 497 个据点，并且已经扩展到其他国家。所以，如果你在国外，不知道去哪儿跑步，你可以在 Parkrun 的网站地图上，便捷地找到所有据点。你可以按照自己的节奏跑步，这个组织的气氛非常温暖热情。

如果你不喜欢在寒冷的天气里跑步（伦敦一年基本上有 9 个月的寒冷天气），健身房里的跑步机随处可见。教练通常很乐意帮助你了解跑步机上的所有功能——你可以选择不同的程序，一些花哨的程序可以选择电视频道，或者提供（我最喜欢的）虚拟跑步选项——跟随视频在世界其他地方的一条小路上跑步。我有个朋友分手后在“洛杉矶海滩”上一直跑了 6 个月。每次我看到她在跑步机上跑步，她的目光总是盯着一个屏幕，屏幕上阳光灿烂，海浪拍打着她的身体，还有人在她身边散步。此情此景与外面伦敦灰蒙蒙的天空形成了鲜明对比。我一向不太擅长在跑步机上跑步。如果不能自然地调整步伐，我会感到沮丧。我喜欢在户外跑步。但跑步机能有效地让你动起来。有时候（在旅行途中，我只想跑一跑）跑步机就是最好的选择。如果你能坚持跑下去，那就太好了，但我总是建议你也到户外跑步，最起码，你不会错过外面的风景。我怀疑，如果你不服用维生素 D，看不见人群和绿植（如果你足够幸运），就不能获得跑步带给身心的全部益处。

无论你怎么跑，都要给自己设定合理的期望，然后搞清楚你想从中得到什么。从前，只要遇到困难我就会放弃，但跑步这件事我坚持了下来，因为一开始我把目标定得很小：每次跑 1 分钟。是的，身体很疼，而且第二天你的肌肉将酸痛不已。但你总能坚持 1 分钟吧。当你感到悲伤或焦虑时，不要贸然决定跑 30 分钟——如果你做不到，你会觉得自己很失败。即使你没有遇到什么困难，这种感觉也很糟糕。试着把跑步和散步结合起来——当你觉得跑步太累，就放慢速度，直到你觉得做好了准备，可以再次出发。如果你觉得可能会恐慌发作，就把注意力集中在呼吸上——跑步会让你上气不接下气，你可能误以为这是恐慌发作的症状。刚开始跑步的时候我遇到过几次这样的情况，有趣的是，我发现焦虑引发的身体症状与剧烈的有氧运动引发的身体反应很相似——心跳加速、出汗、脸红、剧烈头痛。你只需要放慢速度，观察当身体不那么费力时症状是否会减轻。95% 的可能性是症状会减轻，这是身体对多年来第一次努力运动做出的正常反应。

记住，你可能不会观察到立竿见影的效果——我第一次跑步的时候觉得自己有些变化，但这可能只是因为我的好奇心被激发了，而不是因为身体素质达到了某种高度（当时我肯定没有进步）。现在，每当我从床上爬起来去跑步时，我会提醒自己，跑完步我从来不会感觉更糟。也许你也可以记住这句箴言——跑完步后，你可能不会感到焦虑一下子散去，但你绝不会感觉更糟。好吧，也许会有点累。

贝瑟尼还记得，当她身陷重重困境时，跑步是如何改善她的状态的。她的人际关系不太好，工作遇到困难，正要处理一个艰难的诉讼案件。她告诉我，她从 18 岁就开始跑步了，那时她还没有出现焦虑和抑郁的症状。成年后，她不再跑步，而是把工作和家庭放在第一位。然而，当她在 2017 年 4 月发现自己无法起床时，她知道自己的心理问题卷土重来了。

“我有一个年幼的儿子，我不希望他看到我糟糕的状态，他不该每天看着妈妈以泪洗面。我花了一段时间思考我需要做的事，然后我想起了跑步曾经带给我的感觉。于是我下定决心，要到外面去跑步，尽可能跑得远、跑得久。我没有具体的目标，纯粹是为了提醒自己，跑步能让我感到多么自由。”

贝瑟尼根本没有给自己设定任何目标。她只是走出去开始跑步，希望情况会有所改善。她猜想，也许会像从前一样，在跑步的时候，“我的头脑会变得清晰，我会忘记所有的烦恼”。我认为这是一种出于直觉的运动；只要贝瑟尼觉得自己想要改善状态，她就会一直跑下去。没有期望，也不怕失败。她觉得在生活中自己是一个全面的失败者，然而，她说：“跑步是不能用‘错误’来形容的。这是我当时的心态。我觉得自己什么事情也做不对，但跑步是无所谓对错的。我抬腿便跑，没有什么能阻止我。”

自从再次开始跑步，贝瑟尼发现她抑郁和焦虑的程度降低了。

“低落状态时来时去。我比以前好多了，我把这归功于跑步。这是一种走出头脑的方式。”

放松心态以后，贝瑟尼不再抱有过高期望，也不会因为短短几天的不适就责备自己。她慢慢地感觉好了些，同时养成了跑步的习惯。

亚历山德拉·海明斯利在写那本以跑步为主题的书时遇到了宝拉·拉德克利夫（Paula Radcliffe，曾三次获得伦敦马拉松冠军，拥有钢铁般的双腿）。[111] 海明斯利询问拉德克利夫对于想要尝试跑步的人有什么建议。“只是……出去试试吧。去做就行。以玩乐之心出去跑步，看看你喜不喜欢。”拉德克利夫说。这也许不是最原始的智慧，但它是准确的。试一下，看看会发生什么。如果你觉得自己被困在大脑里，迫切希望离开，跑步可能是一个出路。一开始，大脑用各种理由劝说我不要出去跑步，我必须一一反驳。最后，我只好大声自说自话来阻止这些想法。

“为什么不能跑步呢?”我对着空荡荡的屋子发问，“我真正会失去的是什么呢?”我要去跑步。

所以，如果你的大脑也像我的大脑一样抗拒跑步，那就问自己这个问题——你真正会失去的是什么？你的大脑可能会给出一些相当悲惨的答案，但它们可能都像稻草人一样虚弱。当你不断质疑，它们就会被打倒。

9 km

倾听你的身体

我和我的前男友马里奥斯一起，往一座山上跑。我21岁那年，我们分手了，但这些年来，我们偶尔还有联系。无所谓谁伤了谁的心。那时我们太年轻，不知道如何谈恋爱，尤其是我。马里奥斯打算开始一项看似荒谬的任务——为支持慈善事业，他将跑步穿越南美洲的丛林（这片区域的具体范围从不明确），在高海拔地区，6天内跑完6场马拉松。他并不是专业的跑步者，但在综合格斗领域的职业生涯意味着他非常健康。然而，我认为他并不喜欢跑步，真的。所以我主动提出和他一起跑，现在我们正冲上一座小山，互相督促着继续前进。我们当年约会的时候，我是一个伤感的肥胖女孩，经常会不由自主地大哭，总是想吃家庭装的大包薯片。他是一个狂热的健身爱好者，每顿饭都要称一称重量，给鸡肉去皮，因为鸡皮含有不必要的脂肪。我们是奇怪的一对。现在我们都不再走极端，而我也能够赶得上他的步伐了。尽管半途我感到寒冷又疼痛，但他能让我哈哈大笑，我为他的幽默着迷。我们在汉普斯特德公园（Hampstead Heath）狂奔，穿过瑞士小屋地铁站（Swiss Cottage），踏上芬奇利路（Finchley Road），经过我们往常去的地方，聊起那时我们常有的愚蠢的争吵。这是对记忆的一次梳理，我们为之开怀大笑，与此同时，我对往昔的时光产生了一种奇怪的疏离感。回想起自己曾经那般迷茫和不快乐，我的感觉很奇怪，好像这一切都发生在别人身上。我感到自己已经变成一个完全不同的人，一个幸运地找到了自我平衡的人。虽然我一定是个噩梦般的约会对象，但马里奥斯对过去发生的事很宽容。和一个对自己一无所知的人恋爱是很艰难的。

我们继续往前跑，随后在摄政公园停了下来。我们在儿童游乐场玩跷跷板，荡小秋千。我拍下一张我们在旋转木马上咯咯笑的照片，然后让他再跑一圈后送我回家。结束的时候，我们都觉得活力四射，童心满溢——对我来说，这进一步证明，每次跑完步都会激发不一样的反应，并能带来意想不到的领悟。我觉得我已经有了长足的进步。这是我从开始跑步起，第一次清晰地看到这一点。顺便说一句，马里奥斯一直没有完成他的远大旅程。一次受伤导致他不得不提前退赛，从那以后，他再也没有邀请我一起跑步。

我们知道，大多数国民的运动量都没有达到英国国家医疗服务体系建议的标准——事实上，2017 年英国公共卫生部（Public Health England，简写为 PHE）表示，41% 的 40 岁到 60 岁的英国成年人每个月不曾做到连续步行 10 分钟（保持至少每小时 3 英里的速度）以上。[112] 除此之外，同一份报告还显示，有 1/4 的英国人每周运动总时间不足30分钟，这部分人被归为“不运动”的类别。

我觉得这种现象很容易理解，因为我一生中的大部分时间都是久坐不动的。但是，跑步不仅使我的肉体更加饱满，也丰富了我的思想和情绪。现在，我意识到运动已经融入我每天的生活，融入我的整个存在状态里，我不需要有意识地决定去运动。我每天都得运动，原因有很多。运动让我按时起床；让我的思绪停止运转；预防焦虑和抑郁；适时阻止我胡思乱想。在跑步的过程中，我开始意识到，我们是多么频繁地身心分离——我们把智力、学习和思考看得比脚、膝盖和后背重要得多。换句话说，我们把自身的存在看作是精神和肉体的分裂。但这是一种误导。“一个病态的想法比发烧或肺病更能吞噬身体的血肉。”居伊·德·莫泊桑（Guy de Maupassant）说得很对。

在达蒙·扬（Damon Young）的《当健身变成一门哲学》（*How to Think About Exercise*）一书中，他开篇就说，很多人把精神活动和身体锻炼看成一对冲突，他们只重视其中一种，而忽视了另一种。“我们逐渐习惯了一种专业化的生活方式，劳动——通常还有身份——主要是精神上的，而不是身体上的。人与人之间的互动是虚拟的。当然，我们还拥有身体，但它们对人格的贡献却减少了。”[113]

这种生活方式意味着我们经常把身体的需求放在最后。生活太累太忙，宁愿去见朋友也不愿去健身房锻炼。村上春树在《当我谈跑步时我谈些什么》一书中说："如果忙碌可以作为不去跑步的借口，那我就再也不会去跑步了。"[114]我明白这一点。生活满满当当，人们要么过度强调运动的价值，要么认为运动是索然无味、自我放纵的。换句话说，运动的优先级是低的。然而，这使得我们的大脑和身体进一步断开了联系。如果我们认为运动很难，或者是一种自恋，我们就更容易彻底放弃运动。

你听说过蓝色区域（Blue Zone）吗？这个词指的是世界公认的一些长寿区域。2005年，丹·比特纳（Dan Buettner）在世界范围内确定了9个人类长寿地区，并解释了是什么因素让这些地区的人寿命更长的。[115]其中一个因素是——没错，肯定是运动。但不是任何一项历史悠久的专业运动——不是在划船机上锻炼20分钟，然后回到办公桌前度过一天的剩余时间。在这些地区，运动贯穿一生——例如撒丁岛的牧羊人，他们每天步行数英里。还有其他因素导致他们长寿，比如少量饮酒和有规律的社交互动，但运动的重要性一直令我印象深刻。

正如比特纳在2015年的一次访问中所说："我们的团队发现，这些地区的人每隔20分钟左右就会进行一次运动……到朋友家串门，走进花园。他们用手揉面包。运动是自然而然的，是不需要思考的。他们的运动并不需要纪律约束。"

运动对这些长寿者而言，是生活的一部分，而不是一种锻炼。运动和生活融为一体。运动不是一种惩罚或必须完成的任务，而是像吃午餐一样正常。他们的运动自有规律，没有明确的开始和停止时间。

维巴·克雷根－里德告诉我，虽然现在我们认为每周去健身房锻炼几次，每次锻炼 30 分钟，自己就会保持健康，但是，在某种程度上，这可能是在自欺欺人。[116]

“如今，我们以为人只有两种状态，要么热衷运动，要么久坐不动。现在很多人认为，只要你规律地运动，就会很健康。但是，如果你在运动之外的时间里一动不动，仍然可能会患上糖尿病等疾病。这样的运动是不够的。”

维巴还赞扬了撒丁岛牧羊人的生活方式：“他们每天步行 5 英里到 9 英里，这和过去狩猎采集者的生活方式是一样的。与久坐不动的人相比，他们燃烧的卡路里更多。”

这种生活方式在现代世界很少见。我不像撒丁岛人一样能毫不费力地做到这一点。但是我跑得越多，就越想让整个身体动起来。我这样做，并不是为了拥有肌肉线条，或是让自己穿牛仔裤的时候臀部更漂亮，而是因为我终于明白了大脑和身体一直以来是如何协同工作的。在我人生的大部分时间里，我一直被思想所困，感到害怕和紧张。我过去常常感到头痛欲裂，继而全身疼痛，头晕目眩。当你知道自己马上会感到恶心时，运动就变成了一件有风险的事。我从来没有把这些身体症状和焦虑联系起来，我只是服用了大量扑热息痛，并试着继续治疗。我情愿相信，这些症状是某种可怕的慢性疾病的早期征兆，但我不承认它们是任何心理问题导致的。我住在我的身体里，但我保持静止，弓着背，体内肾上腺素奔涌。

大脑有着纯粹而坚定的决心和意志，但我却没有给予它足够信任。它会让我以为自己得了流感；它用背痛折磨我，让我弓着腰；它让我头痛；它让我在 7 月的办公室里感觉寒冷，一直穿着羽绒服。所有这一切都是因为焦虑——但为什么我难以接受这一点？因为我把我的思想和身体分开了，想象它们在不同城市的办公室里工作，从来没有交流过。我是个白痴。

令我吃惊的是，带着精神上的不适和身体上的疾病，我竟然活了这么久。我几乎总是感到精疲力竭。白天我会因疲劳而昏昏沉沉，晚上又会辗转难眠，因为我身体的每个部位都冷得瑟瑟发抖，就算我盖上 4 条毯子也不起作用。我太在意头脑的想法了，以至于我以为我的身体将永远如此，于是我尽最大的努力去忽略症状。跑步起到了医生永远起不到的作用——尽管我的医生努力了很多次。跑步让我明白了身体和心理是多么紧密地联系在一起。早期慢跑的时候，我感觉如释重负，哭得少了，惊恐发作的次数也少了。但这只是一个开始，后来我的感受更加明显——每次跑完步，不仅大脑的感觉更好了，而且那些我以为自己难以摆脱的身体症状也减少了。是的，我变得更灵活，睡得也更好，但我的头痛并没有因为体力活动一下子彻底消失。头痛的消失是一个缓慢的过程，直到有一天，我突然想不起上次头痛是什么时候了。与此同时，我体内的肾上腺素分泌减少，也不再磨牙了（是的，我曾经一直磨牙，我应该戴着牙套上床睡觉，但我无法面对这种耻辱）。我慢慢明白，所有这些现象有一个共同的主要原因：我更快乐了。

一旦我明白了这一点，我就开始更多地倾听自己的身体。如果我醒来时感到紧张，像弹簧一样蜷缩着，那就意味着我在担忧。那么，我有两个选择。第一个选择是找出困扰我的原因，第二个选择是去跑步。有时候我会同时做这两件事。有时候跑步让我意识到哪里出了问题，让我有机会正确看待问题。

当我感到疲惫，就会出去散步，因为我知道自己需要吸入一些新鲜的空气（我指的是在伦敦一号区能得到的最新鲜的空气），摆脱睡意蒙眬、效率低下的状态。也许我只散步 10 分钟，但每次都有很好的效果，现在我依然保持这个习惯。我甚至在早上喝咖啡之前就开始散步。它让我在深度睡眠和忙碌的白天之间获得一定的空间，让大脑完全清醒，这样我就不会因为匆忙去看视频或想到马上就要开始工作而陷入恐慌。

当我感到情绪低落时，通常我会本能地让自己出汗——做一些举重、蹲坐或其他稍微费力的运动，这会让我感觉更强壮一些，并非能量尽失。顺便说一下，这对宿醉也同样有用。

然而，即使我没有以上任何一种感觉，我也会终生努力保持运动的习惯。我现在享受各式各样的运动。伸展运动可以唤醒处于休眠状态的肌肉，感觉很刺激。在举重后的第二天，腿会疼，但我很开心，因为身体上未曾充分利用的部分被激活了。我在书桌前站起来再坐下，我从未料到自己会有这种闲不住的感觉。在沙发上闲坐不再像以前那么有吸引力了。老实说，这种感觉是一把双刃剑。运动是引发这一切改变的关键。而且，有时候，在非常快乐的时候外出锻炼，像在极度悲伤时外出锻炼一样困难。

再次坠入爱河使我偏离了轨道。一部分原因是我觉得这太不可思议了，我原以为自己再也不会享受到恋爱带来的激情和快乐了。随着关系的发展，我放弃了每天早晨的散步和跑步，取而代之的是睡懒觉和享用漫长的晚餐。不知为什么，当有如此多美妙的选择召唤我时，我觉得很难选择去运动。有一段时间，我屈从于诱惑，身体彻底不再运动。但这些日子很快乐。我辩解说，我劳累了那么久，现在只是休息一段时间，我应该放松一下。但这是错误的，因为我开始把跑步看作一种惩罚，忘却了它带给我的益处。我并没有越发焦虑或悲伤，相反，我热情洋溢，容光焕发——但我心里知道，如果不是因为跑步，我是无法获得这一段良好的关系的。停止跑步将是一个错误。跑步不是达到目的的手段，它对我的整个人生旅程都有帮助。

我相信你一定听过那句陈词滥调：在一段新恋情开始时，你的体重会增加。嗯，这话的确很老旧，但所言非虚。没完没了的晚餐约会，早餐吃大量的牛角面包——终于，我意识到自己掉进了陷阱。于是我又开始每天跑步。我承认，这并不是重新开始跑步的最高尚或最有价值的理由，但它让我重新振作了起来。我只休息了几个月，但我渴望恢复有规律的跑步生活，这表明，我与身体的联系更加紧密了。停止跑步一段时间后，我觉得自己需要找回那种独特的感觉，一个人独自与内心相处的时光。恋爱意味着独处时间变少。独处时间是美好的，但我才刚刚学会享受它，因此我不会放弃。

刚开始跑步的时候，我经常感到非常孤独——我正在重新适应一个人的生活，同时我发现，大量没有人陪伴的时光是痛苦的。结婚成家后，我变得畏缩不前，忽略了自己的社交生活，害怕经常出门。虽然大家在一起聚会，但很明显，每个人都有自己的生活，我不能事事依赖他人。就连到我家里住了好几个星期的妹妹，也不得不在某个时间回到她自己的公寓。

如果孤独感太强烈，让我感到焦虑，我会去跑步。孤独带来的压力是有据可查的。根据政府数据，目前，16 岁至 24 岁的年轻人比以往更容易感到孤独。[117] 英国甚至任命了一位“孤独事务大臣”（Minister for Loneliness），试图应对越来越常见的孤独问题，因为某些研究表明，孤独会使一个人的死亡概率增加 26%。

如果我一个人待的时间太长，焦虑水平会飙升。一些不理性的想法悄然而至，我开始感到紧张不安。婚姻破裂后，我经历了一段相当孤独的时期——这在一定程度上是意料之中的，因为有人永远离开了你的生活。但另一方面，也是由于我自身不太主动。我不想再打扰别人了。因此，在好多个周末，我都是独自一人度过。但同时我不想被悄悄潜入内心的焦虑情绪控制，让它们再次占据我的生活。于是我会去跑步，有时我绕着公园跑一圈，然后回家，经过这段短暂的休息，我才能比较平和地面对一套空荡荡的公寓。但有时这还不够，我会跑到某个地方——一家咖啡馆，一座博物馆，或是一家商店。在这个过程中，我发现了许多以前从未见过或注意到的地方。我睁大眼睛，环顾四周，发现了一座陌生的房子，一家古老的酒吧，一条在正常视野中看不到的铁路线，我感到无比高兴。我有时会遇到超现实主义的情景——一群吵吵闹闹的圣诞老人出现在道路中央，我只好从他们中间挤过去；一只狗离开了它的主人，和我一起在公园里奔跑；一个男人在伦敦运河里游泳。你知道那条运河有多脏吗？更别提水里脏兮兮的天鹅了。我喜欢动物，就像接下来我遇到的那个怪人一样——他在公园里养了一群奇怪的狗。但是天鹅既刻薄又粗鲁。就这一点我不接受反驳。

让我从对天鹅的非理性愤怒中回到现实。我说到哪儿了？对了，每当我出去慢跑的时候，奇怪的是，我从来不感觉孤独。我觉得自己与周围的环境发生了联系，融入一幅画面之中，包括公园里的一家人、遛狗的人、游客和上下班的人。我会赶上其他跑步者，让自己跑得更远，因为早知道如果他们能做到，那么我也可以。几年前，格威妮丝·帕特洛（Gwyneth Paltrow）因为推广“接地气儿”（earthing）行动遭到嘲笑，她在自己的搞笑网站Goop（如果你需要给你的狗买一条800美元的毯子，去看看吧）上描述了具体的做法。她的描述花哨浅薄，但基本上可以归结为一个观点，即“用身体与地球亲密接触对身体和灵魂都有好处”。我认为她的“接地气儿”方式包括赤脚踩在人工培养的草坪上或一些香蕉之类的水果上。但在我深感孤独的时候，我尴尬地发现，她的理论似乎与我的体验有吻合之处。在我跑步的时候，我感到我与周围的世界产生了联系——我体验到的世界不再只是自己的神经症了。每跑一步，我就会平静一些，不再为公寓里的寂静狂躁不已。我意识到，周围有一个我想要参与进去的世界，而且，只要我愿意，随时都可以参与其中。

在户外活动一段时间后，回到家，我便不会觉得自己孤身一人或者是人群中的异类。我可以做一些貌似有意义的事情，而不是坐在那里越发焦躁不安。在我生命中的大部分时间里，脑子里想的都是难受的事，而孤独只会加重这种情况——毕竟，孤独会导致心理问题。2014年，芝加哥大学（University of Chicago）的研究者发现，孤独感与未来出现抑郁症状的可能性高度相关。[118]但奇怪的是，我独自跑步时感觉很好——一直以来都是这样。当我独自在人行道上跑步的时候，我从来不会觉得自己很虚弱，或者很可怜。但你在空荡荡的公寓里咔嗒咔嗒走来走去时会有这样的感觉。跑步的时候，我觉得自己强大而从容。由于身体和头脑更紧密地联系在一起，同时身体可以在户外得到“喘息”，我不再感到孤独——我感到完整。《当健身变成一门哲学》的作者达蒙·扬开篇谈到了一个“二元论”的错误——把大脑和身体看作两个互相独立的实体，因为思考是“不独立于身体之外”的。[119] 你可能觉得心里很孤单，但还是选择独自一人。我在跑步的过程中发现，有时候，当你把身体和心理当作一个整体，会有很好的效果。

许多人建议在大自然中跑步，以便充分体验开阔心胸的益处。斯坦福大学 2015 年的一项研究旨在观察户外运动是否能够改善抑郁症等心理疾病引发的思虑和担忧。[120] 研究者让一组参与者在自然环境中散步 90 分钟，让另一组参与者在城市环境中做时间和强度相同的运动。在自然环境中散步的一组参与者反馈说他们的思虑减少了；同时脑部扫描显示，这一组参与者与心理疾病相关的大脑区域（the subgenual prefrontal corte，亚属前额皮质）的神经活动减少了。然而，在城市环境中散步的人没有发生同样的变化。

这项研究的规模很小，只有 38 名参与者。但我能理解他们的观点。在乡村散步（随着年龄渐长，我开始喜欢上这件事）能为一整天的生活做好准备，其效果是在市区跑步无法比拟的。没有什么比身处美丽的环境中更能平复紧张的神经了，特别是在乡下神奇的寂静氛围中。但这并不是说在市区跑步对我一点好处也没有。我们中的许多人找不到大块的土地和林地——根据英国政府最近提供的数据估算，82% 的英国人生活在城市地区。[121]

但那些有幸能去到丘陵、荒原和悬崖顶端的人可能会获得更深刻的体验。在《自由奔跑：跑步者回归自然的旅程》(*Running Free: A Runner's Journey Back to Nature*)一书中，记者理查德·阿斯克威斯(Richard Askwith)描述了自己的经历：最初，他在伦敦南部开始跑步，并且很快爱上了这项运动。[122] 他给自己计时，努力跑得更快、更远、更好——直到跑步变成了一件吃力不讨好、一本正经的任务。后来阿斯克威斯发现，他可以在大自然中跑步，这极大地改变了他的跑步观。他爱上乡村跑步，并陶醉于穿越北安普敦郡乡村的历程；季节变换，沿途有各种动物，他和他的狗一起穿过泥泞的田野。最有趣的是，他反对将跑步商业化——昂贵的装备，对个人最好成绩的痴迷追求，企业赞助的团体跑步，他认为，所有这些都剥夺了跑步本身的纯粹乐趣。维巴·克雷根-里德也认为，最好不要把跑步看作“锻炼身体”。“锻炼是机械性的行为，你为了某个特定的结果而锻炼身体，比如为了获得健康的心脏或对糖尿病治疗有益。跑步不仅仅是一种减肥方法，它是一种多维度的运动，其意义比单纯的锻炼要广泛得多。”

我向维巴咨询在大自然中运动的重要性，其间他提到了“森林浴”这一新颖的概念。[123] 我孤陋寡闻，最初觉得这个说法有点古怪，但它符合新兴的环境心理学研究结论。环境心理学是探索人与环境之间关系的学科。“森林浴”不是指在树林里洗澡——老实说，我一开始对这个想法很感兴趣。

实际情况是，日本研究者在研究中观察：人在森林里待上一段时间后，高血压等健康问题是否有所改善。2010 年，千叶大学（Chiba University）环境、健康和田野科学中心（the Centre for Environment, Health and Field Sciences）研究了一种被称为“森林浴”的方法，尝试对 280 名 20 岁出头的年轻人的健康状况进行观测。[124]研究人员测量了那些白天在森林里待过半个小时的人的脉搏、唾液皮质醇含量（随着压力升高递增）、血压和心率。然后将这些数据与一直待在城市里的对照组数据进行比较。结果，这项研究得出了非常引人注目的结论：

“与城市环境相比，森林环境能降低皮质醇含量，降低脉搏频率，降低血压，增强副交感神经活动，降低交感神经活动。”

2007 年，日本的另一项研究使用了更大范围的研究对象来研究森林浴的好处。研究者让 488 名健康人在森林里待了一天，并在这段时间里完成了两次调查。“结果表明，与对照组一天内的状态相比，在森林中度过一天的研究对象的敌意和抑郁得分显著下降，活力得分显著增加。”[125]

此外，研究还表明，“压力水平与森林浴效应的强度有关；压力水平越高，森林浴效应的影响越大”。

这项研究表明，森林环境对那些经历情绪痛苦的人，尤其对那些长期处在压力下的人是有帮助的。但是森林并不是唯一可以改善情绪和减轻压力的环境。幸运的是，维巴向我保证，我在公园里和运河边的跑步路线也是有益的——任何有绿色植物的地方，任何有自然气息的地方，都是好的。如果仔细观察，你会发现大自然在最不可思议的地方同样流露出生机。

“环境心理学认为，任何与自然有关的存在都有治愈作用。”维巴告诉我，“看得到绿色植物的病人能够更快出院。在芝加哥的一个住宅项目中，在看得到绿色植物的居住区域，犯罪率较低。”

对户外运动及其益处充满热情的人远远不止克雷根 - 里德和阿斯克威斯。心理健康慈善机构 Mind 长期以来一直支持将“生态疗法”作为辅助解决心理健康问题的一种方法。英国埃塞克斯大学（University of Essex）的一项研究也支持这一观点。该研究显示，一边观看美丽的绿色风景图片一边锻炼身体，可以提高自我评价，降低血压。该大学进一步的研究报告指出，骑自行车、钓鱼和骑马等“绿色”运动能显著降低参与者的愤怒和抑郁情绪。

Mind 提出了生态疗法的四个关键原则。[126]

- 自然和社会联系
- 感官刺激
- 活动
- 逃避

回想起那段孤独的时光，我意识到，这些都是我外出跑步时无意识地寻找的东西。我也知道，正是这些因素帮助我摆脱了最严重的焦虑——尽管当时我并没有意识到。心理健康问题会让你丧失所有这些人类的基本需求。对我来说，我失去了与周遭世界和所爱之人的真切联系——我并不在意那些不相识的人；我避免感官刺激，担心这些刺激引发新的恐慌；当然我也从未尝试任何形式的可能让我摆脱困境的活动。我自甘渺小，自我封闭，唯一的作为就是逃避。我知道“逃避”这个词在这本书中出现了很多次。我从悲伤中，从焦虑中，从自己的头脑中逃离。这不是永久的逃避，而是短暂地“远离”这一切。逃避的作用很难用语言描述，但我可以观察到，大自然能放大逃避的功能。大自然让你冒险走出舒适区的那几分钟显得更有意义，更有价值。正如卡尔·荣格（Carl Jung）所说：“只要我们接触大自然，就会被净化。”[127]

自从我意识到在大自然中跑步比在城市里跑步对我的大脑更有好处，我就一直热衷于在旅行时尝试跑步。我曾经沿着爱尔兰的海岸跑步，那是一个我从未到过的偏远地带。我宿醉未醒，只是想在担任伴娘之前清醒一下头脑，因为我必须在婚礼上讲话，我想让自己看起来体面一些。在此之前的一个星期之内，我的一位好友去世，另一位好友的孩子出生。我心潮起伏，需要一些独处的空间和时间。当我离村子越来越远，离海边越来越近的时候，我很快意识到，我遇到了此生见过的最美的风景。风在我身边呼啸而过，海鸥是我唯一的同伴。我继续向前跑。光线一直在变化！前一分钟还是蔚蓝肃穆的天空，突然变得明亮璀璨，随后阳光普照。我跑过一艘被遗弃的巨大的旧船，跑到身后大山的阴影下。我接受了一切；甚至能真切地感受到空气迎面扑来的触感。

我带着与死亡、生命和新生儿有关的纷乱思绪离开了这里，10分钟后，我忘掉了一切。我的眼中只有风景，我感受着周围的环境。沉浸于当下的感觉令我惊讶不已——习惯了城市生活，忙碌不止的大脑总是专注于过去和未来，以及“如果……怎么办”的念头。米庞仁波切称这种与周遭环境产生的联系为“全景觉知”（panoramic awareness）[128]。这确实像是一种冥想，我从未想过我会有这样的体验。我轻松地跑着，享受每一步，几乎什么也不想。我并不感到悲伤或是快乐，我只是有一种强烈的“在场感”。我从未有过这样的感受——自己在天地之间变得很小，很小。是的，是变小了，而不是消失了。我突然有了一瞬间的觉醒，意识到我与世界的联系，以及我在其中的渺小位置。早在1975年，米哈里·契克森米哈赖（Mihaly Csikszentmihalyi）博士就把这种感觉描述为“心流”。当然，还有其他许多描述这种体验的名词。他描述了产生“心流”的几个因素，包括：

- 完全专注于任务
- 目标明确，可以获得即时反馈

- 这份经历是有终点的，也是有价值的
- 游刃有余和轻松
- 挑战与技能之间的平衡
- 行动与意识相结合
- 对该任务有掌控感[129]

听起来需要满足许多条件才能达到心流状态，对吧？契克森米哈赖说，想体验心流，肯定需要努力。你必须培养这种能力。但这并不意味着你要做家庭作业和精神分析。对我来说，获得心流的努力意味着有规律地跑步。虽然这本书是写跑步的，但心流不止出现在跑步的过程中。我在爱尔兰探险时体验到的感觉很有可能就是心流，它似乎不同于著名的"跑步者的快感"，尽管两者有相似的特点。心流不仅仅是兴奋的感觉，而且是一种更广大的感觉：我在我应该在的地方，做我应该做的事。实际上，这与我平时的状态正好相反。如果焦虑是一种恐慌、怀疑和无助的感觉，那么，这种特别的"心流式"的跑步让我感觉平静；我对正在做的事情有一种确定感，还有一种掌控感。这种感觉对我来说如此特别，也许是因为焦虑的我还不习惯这种感觉。

戴维患有广泛性焦虑障碍（见前面部分），他告诉我，他也在跑步中感受到了某种程度的心流。"跑步时有节奏的、重复性的动作让我找到了另一个专注点——跑完一段距离或是突破某个速度能为我带来客观的、可衡量的成就感，这是我从其他很多事情中得不到的。这是我发现的唯一一种让我能有效地把注意力从侵入性想法上转移开的方法。所以我应该多出去跑步，真的！”

我想我会永远记住那次跑步。其中一个原因是，在中途休息的时候，我哭了。看着海浪起伏，听着大海的声音，整个人与此情此景融为一体。我心中洋溢着感激之情，因为经历了如此清晰、如此独特的活在当下的感受。（我知道“活在当下”已经变成某种陈词滥调了。）但我并不是每次跑步都追求这份感受，那样只会适得其反，影响每一次跑步的效果。事实上，每一次跑步都有独特的收获。我之所以提到这次经历，只是因为，跑步是唯一能让我获得“心流”，感到如此平静的活动。我从来没想到自己能体验心流。这也解释了为什么我对跑步这项简单的运动充满热情。（我生怕我表达得还不够充分。）

我一直在探讨为什么跑步可以极大地减轻我的焦虑，使我的头脑变得清楚。但我可能还没有提到另一个因素。除了内啡肽、5- 羟色胺的刺激，大自然的效用，心流状态的产生还有一个重要的因素——跑步提高自尊。杂志上经常谈到自尊——找到自尊，提升自尊，维持自尊。但我从来没有把自尊和自己联系起来。我对自己的看法很消极，总是用自嘲的方式描述自己，但我从来没有认真想过，也许我真的没有一点自信。

每当遇到困难，我就会放弃；遇到害怕的事（即大多数事情），我就会逃避。这些特质意味着，慢慢地，我会认为自己真的什么事也做不了。但有趣的是，我觉得这没什么大不了的，我总是以开玩笑的方式自我解嘲，从不认真地向任何人承认，我不喜欢自己。我想很多人都和我一样，尤其是女性。我当然不是唯一缺乏自信的人。反正我是这么想的。然而，我从来没有申请过工作，也没有尝试过新的挑战。我允许男人粗鲁地对待我。我对任何表扬都心存感激，但通常拒绝接受。

离婚会严重影响你的自信和自尊。如果离婚造成的伤害还不够，焦虑则会巧妙地将你的自信和自尊耗尽。但自信和自尊不会永远消失。尝试一项新爱好或学习一项新技能会极其快速地提升你的自我意识。和大多数事情一样，二元性的思维方式是问题的关键。你可能觉得自己的智力上佳，却讨厌自己虚弱的肉体；你可能能连续做 50 个俯卧撑，却觉得自己在职业生涯中一无是处。

技巧在于两者兼顾。显然，说起来容易做起来难。每当我跑得更远一些，或是冒着倾盆大雨完成跑步任务，我的信心就开始增长，我觉得小小的成就在不断累积。一个星期后，我没有放弃——这是一个进步。我一次性跑完 5 千米——又是一个显著的进步。每次我内心很想待在家里却能做到穿好运动鞋走出家门时，我都为自己感到骄傲。

自己培养一个新习惯（而不是参加集体活动）最棒的一点是，

你不会输给任何人。当然，和别人一起做这件事会让你产生额外的责任感，但有时即便是这种水平的压力也可能让你难以承受。我还没有准备好。我只是想尝试一下，不抱任何期望。于是我开始在一条黑暗的小巷里跑步。没有人看我，没有人笑我。如果我停下来，也没有人评判我。

自尊是无法准确度量的，但通过一些普遍认可的表象可以判断你的自尊水平是否健康。它们包括：犯错并从中吸取教训的能力，乐观、自信、信任他人的能力，以及适当的自我关爱。没有自信的人很容易陷入沮丧情绪，害怕失败，回避一切风险。

Mind 等慈善机构建议，如果你想增强自信，可以尝试一项新爱好或学习一项新技能。所以我开始跑步是正确的，即便我并不知道背后的原理。第一次一口气跑完一千米后，我是蹦蹦跳跳地回家的。真的是这样。我是如此兴奋，这么长的路被我踩在脚下，这让我信心十足，根本不在乎走路的姿态。我不需要通过向任何人炫耀来增加自信。自信出现在我的心里，这就够了。

自信能创造更多自信，或者说它只是减轻了对失败的恐惧。虽然我从跑步中获得的最大乐趣是我的焦虑减轻了，但我确实注意到，作为一个人，我对自己的感觉也好多了。过去，我常常躺在床上，对自己白天说过的话、做过的事吹毛求疵，不断质疑，几个小时辗转难眠。但现在那些想法在几分钟内就会消失得无影无踪。我觉得我可以在会议上发言，或者要求加薪。如果没有信心的提升，这一切都不可能发生。我甚至觉得自己能够直面恐惧——现在我的油箱里有一些汽油了，从前我一直都在消耗能量。甚至我都没有意识到我有了能量储备……

下午3点钟，阳光明媚，我在伦敦摄政公园漫步。孩子们跑来跑去，飞盘在空中滑行。很多人都在吃冰激凌。为什么只有我觉得自己即将失去对身体的全面控制呢？

这个问题的答案赫然耸立在我的面前。在树林和大运动场的后面，有一个用钢绳和滑轮做成的巨大的酷刑装置。我朝着那个方向走去。

在尝试新事物和面对恐惧的过程中，我尽量让自己走出舒适区。随着跑步能力不断提高，我觉得自己可以做更多事，我要多尝试，少逃避。于是我更频繁地到户外冒险，而不是躲在家中。即便如此，我心中依然冒出了一个模模糊糊的想法：我应该做一些真正能把我吓得屁滚尿流的事，而不仅仅是那些让我手心出汗的事。所以我做了一件正常人都可能会做的事：报名参加了一个空中飞人培训班。

我可以尝试蹦极，或者花样跳伞、火上散步什么的，但想在伦敦市中心找到这些项目很难。如果我想“感受恐惧，无论如何都要去做”，那么我希望在一个方便到达的地方做。恐惧，可以。长途跋涉，不行。

这就是我为什么来到这里，呆望着布满绳子和网的高塔。在我看来，它就像中世纪的刑具，我开始觉得不舒服。小组会面时，几名女性成员向我保证，“尝试一次之后就会完全上瘾了”。一个男人的眼眶黑青，那是他在之前的练习中受的伤。“是我自己失误造成的。”他向我保证说。还有一个 9 岁的男孩跃跃欲试。除了我以外，别人似乎都没有害怕得双腿发抖。于是我深深吸了一口气，假装和他们一样热衷于从高塔上跳下去。在接受了一些基本指导后，我穿上装备，加入了爬梯子的队伍。经验丰富的人先走，他们毫不畏惧地爬上窄小的横档，松开扶手，像敏捷的猴子一样向上爬。等他们连续攀住第二条吊绳时，他们把腿搭在上面，倒挂着，前后摇摆着。他们看起来很自由。而我快要不行了。

9 岁的男孩有点害怕了，他在发抖。接下来轮到我了。我开始爬了，梯子似乎永远没有尽头。当我爬到高处，一个好心人把我拉到安全线内，然后哄着我爬上了实木横档。这时我已信心尽失。我不想强迫自己。我觉得自己蠢笨鲁莽，呼吸开始急促起来，我意识到自己的视野正在变窄，周遭的一切都变暗了——这是恐慌发作的典型迹象。我在横档上站了几秒钟，教练过来鼓励我。我可以退下楼梯吗？如果我这么做了，我会恨自己吗？两个问题的答案都是肯定的。我选了另一种方案。如果我像跑步一样全身心投入，也许会有转机。也许事情不会像我想象中那样以灾难告终。于是我跳下去了。太可怕了。我的胃里翻江倒海，而且由于速度太快，我没能抓住扶手，跌落在安全网里，不好意思地笑了。尽管我的身体和头脑告诉我不要这样做，我还是做了。我很清楚，有时，当焦虑发作，你不得不抗拒整个身体对你发出的尖叫。

没有太多时间供我恢复状态，因为大家都排着队准备再试一次。这一次，9 岁的男孩变得勇敢了，每个人都成功了——除了我。恐惧的感觉并没有减轻，我在几秒钟内就掉到了网里。我想教练们早就意识到我是小组中最弱的成员，等我回到地面的时候，现场响起了阵阵掌声。这是一个鼓舞人心的团队，每个人都有自己的技巧，可以连续攀上两条吊绳。我又试了一次。其实我真的不想再试了，但我不想让这些好心人失望。如果连一个孩子都能做到，而我却做不到，他们可能会替我感到尴尬。我站起身，似乎有些眩晕，并提醒自己一回家就在谷歌上搜索一下这个症状。我走上前去，侧耳倾听教练的指挥，他正在对我发号施令。我抓住第二条吊绳，把腿吊在上面。“现在放手！”老师喊道。但我真的不想倒挂在上面啊，于是我在上面摇摆着，就像《欲望都市》（*Sex and the City*）里的凯莉·布拉德肖（Carrie Bradshaw）那样，她为了写一篇文章去挑战空中飞人（哦，没关系，你只是年少无知）……我就这样等着，然后，突然之间，我做到了。我翻了个底朝天，腿悬挂在吊绳上。这感觉，真是好极了！就这样，我一直挂在那儿，直到吊绳不再摇摆，我才跳到下面的安全网里。我再也没有回到那里。第二天，我浑身疼得要命。但我不再害怕空中飞人了。

讲起这件事，就像我讲到自己克服焦虑的种种成绩一样，并非为了把它作为壮举记录在案。这件事一点也不优雅，而且我也不喜欢做——甚至连一个 9 岁的孩子都对我表示同情。但那一天，我的自我评价爆棚了。回家的时候我仿佛漫步云端，看到的每一棵树、每一只鸟、每一个人都令我欣喜不已。这是一种无与伦比的成就感。跑步为我带来了这一切。因为跑步，我可以在空中飞行几秒钟时间。每当我思考为什么要跑步的时候，每当我想到要早早起床跑步的时候，或是忧虑我没有规律地从跑步中获得快感的时候，我就会想到这一点。我从跑步中获得的成就，不仅是在一个下雨的星期一跑了 30 分钟，或是在偶然的情境下跑快了一次。跑步的影响渗透到我生活中的方方面面，它扩展并打开了我的生活，让我有自信去做别的事情。我是个糟糕的跑步者，这一点已经很明显了。然而，我之所以跑步，是因为我发现，跑步可以为我开启一种完整的、独立的生活方式。

在慢跑和鼓起勇气玩空中飞人之间，似乎没有什么联系。但对我来说，这两件事有着直接的因果关系。我相信，既然我能跑完 10 千米，那么，我一定能做到在空中倒挂。我知道我可以乘飞机到纽约参加工作面试；我可以独自走出家门，不至于呼吸急促；我可以一整天都不感到恐慌；我不用到处找逃生出口。正如卡丽·菲舍尔（Carrie Fisher）所说："你可以继续害怕，但无论如何都要行动。"重要的是行动。你不必等到有信心的时候才去做。只要开始行动，信心最终会随之而来。[130]

有些人可能会嘲笑我最终获得的成就太小——我理解他们的想法。因为有些人可以毫不犹豫地独自乘飞机环游世界，或是把走钢丝当作乐趣。但我们每个人的恐惧程度各不相同，各有各的衡量标准，我已经超越了自己的标准。我不能用别人的极限来评价自己——很久以来我都是这样做的，但我发现这让我永远无法对自己满意。埃米·珀勒（Amy Poehler）在《是的，请吧》（*Yes Please*）这本书中谈道，不要评判他人的选择。她说："这对她有好处，但对我没好处。"[131]

如果你能爬上一座山，或者独自搬到马来西亚住上6个月（就像我聪明的妹妹去年做的那样），很好。我会为你加油的。但我意识到，克服焦虑并不意味着所有人都必须达到相同的目标。我不需要长途跋涉穿越大洲来证明我不再焦虑。只要我不再忧心忡忡就好了。就像那位女士说的，对你有好处的事情，不一定对我有好处。当你开始评判他人，或是总想拿自己与别人比较时，最好记住这句话。

10 km

陷阱和失望

我在公园里跑步，大约跑了10千米。天气很炎热——这个夏天酷热无雨，我的后背晒出了运动内衣的形状。每跑一步，头顶上仿佛都在冒火。但我很享受灰尘和跳动的阳光——每一分钟都像是一个挑战，穿很少的衣服跑步感觉非常自由。在最近的户外跑步中，我一直在督促自己跑得更快、更远，减少休息。因为这段时期，我处于失业状态——当你需要的时候，跑步就会给你创造目标。跑步已经融入了我的生活，我沾沾自喜地想。就在此刻，跑步就融化了我脸上的化妆品……

砰！我跳过了地上的一个坑，膝盖发出尖锐的摩擦声。我单腿跳着，仿佛在躲避火热的熔岩。我紧紧抓住膝盖，用手疯狂摩擦，仿佛这样就可以不再疼痛。但没有用，我只好一瘸一拐地回到家。

我的膝盖可是“跑步者的膝盖”，我必须把它的受伤看作是令人望而生畏的荣誉徽章，而不是一场中断所有进步的灾难。现在，我的运动方式受到了严格限制，只能做伸展性、低冲击力的动作。当我要去游泳池做一些笨拙的狗刨式动作时，我绝望地看着我的运动鞋。但我很快就会重新上路。我对跑步的热爱非常深沉，也许当我可以再次出门跑步时，内心的感激之情会更甚。带着旧情重温的心情，我决定从现在开始为跑步付出更多努力。谁知道呢，也许我甚至会尝试一次小型的比赛……

我喜欢电影里的大团圆结局。我喜欢把一切解释得清清楚楚、每个角色各得其所的书。我愿意花大价钱让简·奥斯汀复活，这样我就能确切地知道班纳特姐妹后来的生活——甚至包括玛丽的结局。我不喜欢不确定性。我不喜欢改变。这是一种焦虑，也许我本来就是这样的人。但我知道，生活中这样简洁、幸福的结局并不常见。我也学会了欣赏我们人类混乱而复杂的本性。故事没有结局，有的是高峰和低谷，以及漫长无聊的时期。如果我写的书给人留下的印象是，我是一个没有未来的精神疾病患者，后来跑步赋予了我超能力，我再也不用面对其他难题——我会恨自己的。这也是我从来没有跑过马拉松，也没有参加过任何大型跑步比赛的部分原因。因为对我来说，辉煌的结局是不存在的，比如——打破纪录，赢得一枚巨大的金牌。

我希望诚实地告诉大家帮助我克服焦虑和抑郁的其他因素。我是幸运的——我有一个给予我情感和经济支持的家庭。我有过一位很好的治疗师，他让我开怀大笑，还教我如何应对自己的疯狂想法。我吃过处方药——我再也不会向人们隐瞒这个事实了，好像服用药物会暴露我的脆弱似的。事实上，如果你对服用药物有偏见，我会与你争论。我坚信有些人需要服用药物。我甚至再次坠入爱河，也许这才是我的第一场恋爱。我的男友善良有趣，有时我简直怀疑他和我在一起是不是有什么阴谋。伊丽莎白·班纳特没有我拥有的一切。在很多方面，我都很幸运。

然而，在我的故事中，跑步一直是头号英雄。别人为我做的只有这么多——多到足以让我找到对自己最有帮助的工具。也许是跑步为我带来了这些快乐。它们是鸡和蛋的关系。真是难以置信，我们竟然还在使用这个短语。有些时候，我会觉得跑步就是我的魔力豆，可以消除所有烦恼，所有非理性思维，所有阴暗的抱怨。但事实并非如此，接受真相需要一点时间。你以为自己找到了灵丹妙药，但有一天，当发现它的作用有限时，你会感到困惑。如果我认为仅仅通过跑步就能让我在未来的日子里承受所有的悲伤和忧虑，那我就是忘恩负义。跑步已经带给我这么多，我不能贪得无厌。

因此，我理应诚实坦白，有时候跑步对我没有帮助，有时候我高估了跑步的效果。找到能缓解心理问题的方法非常重要，但同样重要的是，你要认识到，问题仍然会存在。别以为通过一件事就能消除所有的症状，别以为把症状整齐堆放在抽屉里锁起来，你就能安然离去了。跑步帮助我度过了许多艰难的时期。它陪伴我经历了离婚、换工作、6 个月内搬家两次，它缓解了我的心理健康问题。然而，在有些日子里，我仍然会紧张到胃部翻腾。当我为某件事担忧的时候，我仍然会时不时有脱离现实感。我有时会经历梦魇，醒来时浑身是汗，我的男朋友转过身，让我平静下来，更换床单。我完全能预料到，在未来的某个时刻，我还会有这样的经历：无法控制自己的焦虑，想要从躯壳中挣脱出来。因此，我会继续磨炼现有的工具，做好准备去应对即将到来的困境。

所以我想谈谈我在跑步中经历的失败，或者说是陷阱。我将它们按照从最有趣到最无趣的顺序一一列出。或者，如果你喜欢，我们可以由浅入深？我无法忍受这本书有一个消极的结尾，所以在最后，我希望你们都能成功，好让我得意自满一番。如果你们失败了，可以不再读这本书，这样也很酷。

我跑步的时候永远不会好看

穿着整洁的衣服，脸上挂着灿烂的笑容，看上去很有活力、很时髦？那绝不是我。好吧，这种形象很棒。可是谁在乎呢？只要你跑上一分钟，就会心跳加速，很快忘记自己的外表。有时，我会在商店橱窗瞥一眼自己的形象：那个人好像回到了11岁，脸蛋通红，满头大汗，头发乱糟糟的。当我跑到一半，在商店里一瘸一拐喘着粗气喝水的时候，人们离我远远的。但你跑得越多，越会发现，其实没有人在看你。他们正在接电话，你必须转弯避开他们。迎面有个人快速冲过来也不足以让他们抬起头，你没有手机上猫咪的动图有趣。多么没有存在感，对吧？

前五分钟永远是艰难的

每天穿上运动鞋的时候，我都会提醒自己这一点。这一点很重要。我呼哧呼哧地喘着气，好像从来没有跑过步。我查看手机上的计时器，时间一分一秒过得很慢。我的身体总是想要放弃跑步，打道回府。我要做的就是熬过这段时间，我知道，在 8 分钟之内的某个时刻会发生一些神奇的变化，我的身体会放松下来，思绪变得轻盈，感觉良好。重要的是，要不断重复这个过程，否则，这些跑步永远无从开始。你如果也有这种感觉，只需要向自己保证，再坚持一分钟，然后再看看自己的状态如何。你如果这样做，可能也会体验到那个神奇时刻。坦白说吧，有时可能会超过 5 分钟，有时甚至会超过 15 分钟。很抱歉。

我永远不会跑步超过80分钟

跑得久了，我会感到肚子太饿，太无聊。有时候跑步是很无聊的。这样说有点背叛我对跑步的激情，但这是真实情况。不是每一次跑步都有趣、轻快，或是充满激情。有时跑步是一项艰难的工作，你不知道自己为什么要如此辛苦。我嫉妒那些能连续跑几英里而不会感到饥饿，也不想回去吃甜甜圈的人。但事实就是这样，我不是那种人，我必须接受现实。这并不意味着我不能跑步，我只是不跑得太远。我想我仍然从中获得了充分的快乐。但如果我强迫自己再多跑 5 分钟、10 分钟、15 分钟，我就会发抖、速度变慢、跌跌撞撞。我必须知道自己的极限在哪里。如果你能在一片寂静中奔跑，我向你致敬。否则，你可以借助音乐的力量，找到合适的播客。（烂泥巴乐队总是能激励我前进。）

我会摔倒很多次

跑步并没有让我变得优雅。也许只有我是这样吧。我比大多数人都更笨拙。每当我拿着一杯咖啡，我的男朋友就会盯着我，生怕我把咖啡打翻。他这样让我很生气，然后我就真的把咖啡打翻了。跑步的时候也一样。出门的时候，我就知道这天可能要摔个大跟头，然后，事情往往如我所料，我在街上滑倒了。在我检查瘀青的臀部和擦伤的手的几分钟里，我突然很讨厌跑步。如果你不想像我这样受伤，建议你吸收群众的智慧，尽量把手臂收拢，贴近身体，以减少可能受到的冲击。你一定不希望摔倒的时候伤到手腕（更糟糕的是摔坏牙齿），然后告诉别人，这是你在一次决斗（或别的什么事件）中光荣负伤的。

我不能让跑步占据我的社交生活

这一点是很重要的。因为从前我的社交生活曾被跑步占据。我有一种上瘾性人格（我不确定这是不是一个科学术语，但对我来说，这是一个准确的描述）。有时候，为了在跑步中消耗精力，我宁可放弃午餐或晚餐，选择去慢跑。为了第二天可以精神饱满地跑步，我会早早离开派对现场。但这样做太蠢了。心理疾病都是在孤独中滋长的。如果你为了在雨天跑上10千米，而选择不去见自己爱的人，这实在是太疯狂了。然而，当我第一次爱上跑步，并以为它可以解决所有问题时，我对它有些着迷了。如果我觉得约会影响我的跑步计划，我宁愿拒绝约会。但同时我也知道，约会是必要的。我最近在康沃尔度假，每天都下雨，而且我们住在一座陡峭的山上。我只好接受这个事实：我不能跑步了。在接下来的几天里，我感觉很不舒服。但是，休息总比在狂风大作的黑夜里跑步要好。我看电影，吃奶酪，睡懒觉。换句话说，这是一种平衡。在生活中，有必要为每件事都留一些空间。跑步不可能是你我生命中唯一的亮点。你没必要在圣诞节跑步，除非你认为，你的家人很乐意在你消失的这段时间里休息一下（有这个可能）。

我尽量不通过跑步来减肥

这也是我的经验之谈。刚开始运动的时候，我注意到自己的体重明显下降了。人们开始称赞我的颧骨、肚子和气色。事实上，那时候的我伤心欲绝，自我厌恶。但我不能否认，跑步确实出乎意料地让我变瘦了。然而，如果我没有变瘦反而不正常，因为以前的我从来不做任何运动。这些赞美让我感觉很好。一年后，我收到的赞美少了很多，于是我尤其怀念被赞美的感觉。

过去，我只考虑跑步对心理状态的好处，现在，我还期待跑步能让我变瘦。我想知道一次跑步能燃烧多少卡路里，然后鼓励自己跑得更远。我内心窃喜：牛仔裤变松了，身上破天荒地有了肌肉。这是跑步对身体自然而然的影响。很多人发现，他们刚开始跑步体重就下降了。想要保持健美和匀称的身材并没有错，但也许是因为自我评价太低，我把这一点看得太重要了，以至于失去了从前四处闲逛时获得的自然享受——倾听身体的需要，做适量的运动。我努力跑步。如果我觉得自己吃得太多，我会一天跑两次。由于跑得太远，我感到疲倦，而不是兴奋。这样的自我控制过于严格，变成了一种成瘾性习惯，动机是消极的，违背了最初从黑暗中获得解脱的初心。如果跑得太远而没有摄入足够的食物，你会累得无法出门，这并不是好现象。

但我以为我正在变得健康。多年来我一直在避免运动，现在我开始积极锻炼身体，这一定对健康有好处吧！可事实并非如此。俗话说，凡事要适度。我一直不喜欢这句话，我觉得，对于喜欢的事就该全力以赴。但这话并非全无道理。如果跑步让你快乐，每天跑两次无妨。如果你因为吃了一块松饼，便强迫自己穿上运动鞋出门跑步，我不赞成。哪怕你吃了两块，也没这个必要。

“强迫性运动”不是一个得到过临床认可的术语，但坊间有足够多的证据表明，这种现象应该被严肃对待。美国国家饮食紊乱协会（National Eating Disorder Association）称，“强迫性运动”现象的警示信号包括：

- 如果不运动，会感受到强烈的焦虑、抑郁和痛苦（一种或多种）
- 休息或不运动时有不适感
- 通过运动来管理情绪
- 把运动作为一种自我净化的方式
- 不运动就不吃饭
- 秘密或隐蔽的运动[132]

我列举了其中一些表现。对我来说最糟糕的是用运动来消除饮食的负罪感——以前，我吃东西的时候从来不会感到内疚，我吃牛角面包时，简直毫无节制，感觉世界上的牛角面包都快被我一个人吃完了。

而且，如果哪一天没有跑步，我会变得烦躁易怒，不仅是因为我会吃下更多牛角面包，还有一个原因是，我觉得跑步是我唯一的出口，如果这天没有跑步，我就会更加焦虑。我想我太害怕因为没有跑步而致使焦虑卷土重来。所以我不会让自己停止跑步。但生活有时会迫使我停下来，而我并没有立即被恐惧和恐慌淹没。这本身就是一个启示。我不需要像跑轮上的仓鼠那样狂奔才能从运动中受益（我曾经养过一只仓鼠，它厌恶地看着跑轮，然后又睡着了。所以我想并不是所有的仓鼠都热爱跑步），而我也不像以前那样，因为惧怕焦虑而不敢停止跑步了。

值得一提的是，并非每个运动者都会遭遇这样的陷阱。大多数人不会。但我很容易迷恋一些事物，有时会掉进陷阱，在喜欢的事情上走极端——这样做的弊端是，我再也不能享受这些事了。我 20 多岁时经历过一段抑郁的时期，每天都要吃掉一盒家庭装的多力多滋。我喜欢那些薯条。但现在我再也吃不下了，因为它们充满悲伤的味道。我亲手毁掉了一个爱好。虽然那只是一种玉米制作的零食，但这个例子依然有说服力。我永远不希望有一天失去跑步给我带来的乐趣，然后不得不放弃跑步。所以我必须确保我怀着正确的动机跑步。一定要记住这一点跑步。问问自己今天为什么要去跑步。一定要给自己休息和恢复的时间。

我承认跑步并不能“修复”我的心理健康问题

我以前也提到过这一点。但即使是现在，我偶尔也会忘记：将来我仍然会感到焦虑和低落。我对这个事实感到惊讶和愤怒。在写这本书的过程中我一直都很焦虑，我担心令一位可能在与心理问题做斗争的读者失望，而且我希望恰当地表达出我对那种感觉是多么感同身受。我为金钱、工作和友情担忧，有时我仍然会偏离轨道，出现非理性的念头。这些念头在我的脑海中挥之不去，让我害怕。我也有情绪低落的时候，我觉得想哭，人生灰暗。在这样的日子里，我担心自己回到最初糟糕的状态，那时我几乎无法走出家门。但所有这些担忧都是往日自我的影子——是一种回响，一个微弱的印记。它们出现时吓我一跳，然后，在大部分情况下，它们又溜走了。跑步是我的盾牌，我用跑步来抵抗这些脆弱时刻，但我无法控制一切。生活中总会发生新情况，我不能总是靠跑步来应对。这不是跑步的错，也不是停止跑步的理由。相反，这是我必须记住的事实。在状态不好时，我尝试做些别的事，鼓励自己继续跑步——吃好睡好，与亲人见面，尝试呼吸练习。如果你读过希拉里·克林顿（Hillary Clinton）的《发生了什么》（*What Happened*），你就会知道，在大选结束后，她尝试了一种名为“鼻孔呼吸”（nostril breathing）的压力缓解技术，即所谓的清理经络调息法（Nadi Shodhana Pranayama）。

“你用一个鼻孔吸气，然后屏住呼吸，用另一个鼻孔呼气，如此循环进行。”她在书中解释说，“根据我的自身经验，如果你盘腿坐在瑜伽垫上做这个练习，用力吸气，屏住呼吸，然后长时间呼气，你会感到非常放松。”[133，134]

本来我有点怀疑，随即我亲自尝试了一下。我发现真的很放松！也许还有其他更有说服力的呼吸练习方式。不过，如果一种呼吸练习可以帮助希拉里·克林顿在大选败给唐纳德·特朗普后减轻压力，它可能也会帮到你。无论如何，我试着采取别的办法，并提醒自己：“都会过去的。”这是我母亲的话。当深陷黑暗的痛苦中时，你似乎很难相信这一点，但偶尔重复这句话是有好处的。你的母亲可能也有类似的说法，因为妈妈们在遇到棘手的情况时，总有一些老套的咒语。不要忽视这些咒语，有时候它们确实可以帮助我们渡过难关。

和我一样，萨拉也曾多次爆发心理疾病。她也不得不接受，这些糟糕的病症并不总会彻底消失——她也把跑步作为一种防止心理疾病发作的工具，同时她也意识到，跑步的作用是有限的。

“2004 年，我第一次被诊断出产后抑郁症，当时我已经有 6 个月没有工作了。从那以后，我又经历了 4 次严重的抑郁发作，其中两次导致我不得不休假更长时间。最后两次伴随着非常严重的焦虑发作。”

莎拉告诉我，在首次被诊断出产后抑郁后，她开始练习瑜伽和太极。她知道运动有助于改善症状，她也意识到，如果停止运动，通常表明自己处在低潮状态：“如果我停止有规律的运动，那么，肯定说明我的状态差到极点了。这是一种恶性循环。”

她开始跑步，而且几乎立刻爱上了这项运动：“大约一周之内，我就对跑步上瘾了。也许我跑得太多了，身体似乎承受不了了。”萨拉的膝盖受伤了——请阅读关于开始跑步的建议，这样你就不会受类似的伤了。根据自身经验，我知道在养成规律的跑步习惯之前会经历多少苦恼，先是跑得太多，后来又连续几周不再运动。不久，莎拉又经历了很长一段时期的焦虑和沮丧，没有丈夫的陪同她不敢出门，所以跑步行动被搁置一旁了。但这是错误的，后来，她终于又被跑步吸引。一位了解她心理健康问题的朋友给她鼓励，带她出去跑步。

“她给了我极大的支持，她似乎知道该如何对付我。她常常开车到我家门口接我，带着我到一个偏远的山坡或一片树林里，在那里，我们能跑多远就跑多远。然后她又把我送回家。她真是我的救星。那也是一个冬天，我们在冰雪和倾盆大雨中奔跑，我的膝盖被带刺的铁丝网划破，我跑过冰冷刺骨的小溪。但这一切都让我觉得自己又活过来了。我又落地了。这是我从其他运动中无法获得的体验。那时，我正在与自残行为做斗争。抑郁使我麻木，我丧失了现实感，自残能让我得到某种解脱。而跑步是一种更健康的解脱方式，所以，跑步使我不必在身上增添更多伤疤。”跑步之所以有用，我想可能是因为跑步很辛苦，人会在跑步时受伤。如果你需要自我惩罚，跑步可能是一种更健康的机制。

因为莎拉知道她将来可能会面临抑郁和焦虑发作，所以她对跑步的效果有一个健康的预期。“在被痛苦情绪困扰时，我对跑步有一种爱恨交加的感觉。我知道跑步对我有好处，但我没有动力走出去。这种心情反过来让我感觉更糟糕，因为我对自己很生气。我知道，如果我能穿上鞋子走出去，只要跑上几步，马上就能感受到跑步的好处。但我很难做这样的决定，尤其在抑郁症发作（除此之外，我还有躯体上的慢性健康问题）、筋疲力尽的时候。所以我必须不断提醒自己，即使我只是在外面待上 15 分钟，绕着街区走一圈，即使走了一半，我也会感觉好一些。我每跑一小段路，就能积累起更持久的效果。”

每个经历过低潮的人都知道，激励自己去做对自己有好处的事情有多难。有时候，你甚至根本不会产生站起来去跑步的想法。但莎拉过去有过类似的经验，她知道运动确实有帮助，所以她站了起来。她去跑步了。通常都会有效果，但总有例外。“有一次，我跑了大约 1 英里，然后坐在跑道边上，戴着耳机一遍又一遍地听鲍勃·马利（Bob Marley）的《燃烧激情》（*Stir It Up*），情不自禁地放声大哭。当我试着站起来跑步回家的时候，我感到身体和情绪全面崩溃了，但我同时感觉到，我把一个巨大的负担留在了跑步的途中。所以，跑步可能会带来即时的效果，但那些即时的效果消失得也很快，所以我发现必须坚持跑步。”

有一次，我泪流满面地跑过海德公园（Hyde Park）。当时我在听罗宾（Robyn）的《独自跳舞》（*Dancing on My Own*），其中的歌词让我想起自己是多么孤独。这就像一幕糟糕的电影蒙太奇，但直到最后，也没有什么惊喜令我振作起来。跑步可以释放你未曾觉察的潜伏的情绪——那些在正常生活中你压抑或忽视的情绪。但当你在外面跑步时，它们会突然出现在你空空如也的头脑中。当我在尤斯顿路转弯时，我感到欣喜若狂；当我在倾盆大雨中跑到国王十字车站时，我坐在地上歇斯底里地大笑；当我在日落时分沿着一条僻静的法式小路奔跑时，一种无比平静的感觉悄悄袭上心头。在正常的生活中，我不习惯这些情绪，更常见的是轻微的烦躁或困倦。这些突然出现的情绪可能会让你感到意外，就像莎拉在跑步时感觉到的那样，但我更愿意认为，它们是在寻找一种方式，让你跳出常规，与自我之间产生更深入的联系。当我问莎拉为什么喜欢跑步时，她回答说："跑步只是提醒我，我还活着，我在这里，我与这个世界尚有联系。"

有时，焦虑和抑郁会使情绪变得迟钝，让我们变得暴躁易怒，充满"虚无"感。和我一样，莎拉也有"解离"的体验，跑步打破了那种不真实的感觉。"有时候，抑郁发作使我严重失去现实感，我觉得自己好像脱离了身体——因为我无法协调身体动作，误判了身体在空间中的实际位置，我甚至会撞到门框上。在跑步时，我全身心投入到有节奏的踏步、剧烈的心跳和迎面吹来的风中。在跑步的时候，我切实体验到脚踏实地的感觉。"

莎拉不像我一样每天都跑步。她发现，每当她预感到一段糟糕的时期即将来临，她就会开始跑步。我尚未掌握这项技能，但这对她很有效。"后来我有过各种糟糕的经历，虽然跑步并不是每次都能让我摆脱困境，但只要我开始跑步，我就能联想到'此时此地'。'此时此地'对我来说非常重要，因为情绪总是想把我带离‘此时此地’。我现在的状态很差，我意识到我可能一两个星期没有跑步了，这是一个信号，表明我真的应该跑步了……”

理想情况下，跑步应该是你因为喜欢才做的事，而不是你认为自己必须做的事，更不是你明明不想做却逼着自己去做的事。但是正如莎拉所言，有时候低落的情绪是一个信号，意味着你必须再次出去跑步。如果你更接纳这个事实——自己的心理健康状况需要监控，那么，你就能凭直觉发现那些焦虑或抑郁即将到来的迹象。

对我来说，这些症状通常包括盗汗、失去现实感、感觉到肾上腺素过量。我变得紧张，四处踱步，经常拍腿。这些迹象都是我需要留意的，因为我知道，出于某些原因，我感受到了巨大的压力。这份压力可能是对现实生活事件的反映，比如搬家。（在我真的着手搬家以前，我从来没想过搬家能造成巨大压力。）但也可能意味着，我的焦虑正在作祟——遗憾的是，焦虑并非总有一个明确的诱因。

有时候，即使掌握了所有应对心理问题的策略和工具，我们仍然会被一件事压倒——没有预先警告，没有合理或明确的理由。从我开始掌握应对焦虑和抑郁的能力起，一直过了几年时间，突然有一天，我发现自己又起不来床了，于是只好请了一个星期的假。我感到精疲力竭，昏昏沉沉，不知道自己怎么了。我知道自己很焦虑，但同时我很失望，因为我没能避免焦虑的爆发。我以为自己已经好多了，我觉得至少应该找到一个明确的理由来解释我的非理性念头和胃部的翻腾——我花了很多时间试图弄清楚可能的原因。而我从来没有在任何有形的事物上下过这样的功夫。最后，我终于想到，焦虑是不按常理出牌的。人类总想要寻找一个解释，一个理由，一个有意义的借口。但有时真的找不到，我们的大脑实在不喜欢这种悬而未决的感受。想到自己会突然掉进一个洞里，重新陷入黑暗之中，这是很不舒服的。但这就是事实，当你接受这个事实的时候，它反而没那么可怕了。这不是失败，也不能阻止你变得更好。

焦虑的改善常常像是一场蛇爬梯子的游戏，你很容易滑回起点。重新陷入焦虑颠覆了你对自身心理疾病的认识，但这是因为，你忘记了自己已经学会了所有应对心理疾病的工具。即使你对又一个痛苦或恐慌的时刻感到绝望，但请记住，你以前曾经从中解脱，你有能力再次从中解脱。互联网上充斥着各种终结焦虑、永远治愈焦虑的承诺，但正如美国焦虑与抑郁协会（Anxiety and Depression Association of America）警告的那样：

“要警惕那些夸张的说法——立竿见影的治疗方法，永远不再出现焦虑症状的保证，革命性的配方，需要付费的‘自然’或特异的方法或技术……声称‘经科学检验’的产品和疗法都不一定是真的。”[135]

寻求即时治疗方法可能很诱人。（相信我，我已经尝试过了。我测试了大量的茶、应用程序和思维练习，希望它们能治好我，结果证实这样做很荒谬。）他们经常会附上用户的感恩证言，这些用户发誓说他们的焦虑或抑郁症状已经消失了，永远消失了！如果你相信他们，喝了“让人平静”的茶，而在瑜伽课上仍然手心出汗、心跳加速，那么你会觉得自己傻透了。我的建议是，当真正感到绝望或悲伤时，远离互联网。当然，互联网上也有一些不错的信息，但它们与垃圾信息混合在一起，真假难辨，在你内心虚弱的时候，你可能会听从一些毫无用处的建议，或者感觉更糟糕。此外，从互联网信息中获得的安慰是转瞬即逝的。就像爆米花一样，你永远吃不饱，它的存在就是为了让你一直不停地吃。但这样有意义吗？

所以一个好的跑步者（我所谓的好的跑步者指的是喜欢跑步并且想要继续享受跑步的人）知道自己的极限，并会不断自我检视，确保自己能在跑步中获得乐趣，保持正确的跑步动机。如果出于某种原因，你没有从跑步中获益，不要害怕改变方法，也不要彻底放弃（此处应有叹息声）。许多跑步者会不断进步，跑得越来越快，越来越久。如果你也有进步，试着跑得更远一些，只要你的身体喜欢。或者干脆试试别的运动。少跑一些，漫无目的地走一走。在我心态最积极、最平静的日子里，我最重视的一件事就是带着狗出去散步，走漫长而曲折的路线。不必让自己紧张到出汗，只要保持规律的步伐即可，花更多的时间去感受周围的环境。

但有时，接受跑步的这些陷阱反而会使你获得一些自由。当我意识到跑步不能解决我所有的问题时，我并没有突然想停止跑步——我只是意识到，在跑步的同时，我必须做一些其他对我的大脑有好处的事。对我来说，就是吃好睡好，经常跟家人见面，好好工作。上帝啊，听起来都是些平常事，是吧？但伤感的是，随着年龄渐长，这些平常事真的越发重要。尤其你还是一个“享受”着不稳定的心理健康状态的人。享受……我不知道我为什么要用这个词。

跑步不能让你由内到外焕发光彩，也不能让你的性格从愤世嫉俗转变成充满活力和积极向上……我的这些悲观论调到此结束。你在跑步过程中遭遇的陷阱会有所不同（嘿，也许你是那种在跑步的时候看起来帅到令人抓狂的人），但你一定会遇到的。把它们记录下来，不要让它们阻止你的脚步。如果你像我一样笨手笨脚，请考虑买一个手机保护壳。

现在能谈谈我跑步的成功经验吗?

好，很好。为了避免继续以自我为中心（从头到尾好像都是这样），我将长话短说。我在这里列出这些成功经验只是为了表明，如果你也决定跑步，你能取得什么成绩——如果我能从一个不合适的起点开始跑步，那么你也能做到。你可能会获得更好的成绩。另外，请认真考虑把你的胜利经验记录下来——当你感到停滞不前或懈怠时，回顾从前的进步会很有趣，它会让你兴奋起来。我把我的跑步记录保存在 RunKeeper 应用程序上。我可以添加笔记，帮助自己记录某次慢跑效果好的原因、跑得太慢的原因，并能在上面保存我喜欢的路线。

- 我克服了痛苦，冒着随时可能恐慌发作的风险，跑完 5 千米。这是一个开始，也是我最自豪的时刻之一。也是在那个时刻，我知道我会坚持下去。

- 我每天跑步，持续一整年。我不确定自己是否有意为之。在此期间，有一天我查看了跑步应用程序，意识到我没有中断过一天，所以，就像阿甘一样，我持续不断地跑步。这不是必要的，也不总是有趣的，但这是一个具体化的个人记录。当我厌倦了在阴雨天跑步时，可以用它来提醒自己。

- 自从我开始跑步，不管我到哪个国家，哪座城市，我都会在那里跑步。我不仅能以一种不同的方式看世界，而且这让我在离开舒适区时不至于感到焦虑或过度警惕。

- 当有人犹豫不决或自我怀疑的时候，我鼓励他们和我一起跑步。我希望他们之中有一些人能带动其他人跑步，或者让他们自己知道，如果选择坚持，就能做到。

- 我已经延长了跑步的里程，围绕城市进行长距离、慢速的跑步，这需要耐心，需要臣服于双脚。这样的长跑和几千米的短跑有着截然不同的心理过程，但我尽力去掌握它。最近的一个下午，我跑了16千米，这让我意识到，只要我努力，我就能做到。有时候，跑步全靠一份固执的坚持——拒绝停下脚步。长跑可以帮助你磨炼这项技能。

● 我还在跑步。我跑了将近5年了，这是我最自豪的跑步成绩。我就不吹牛了，我保证过的。

最后

一些开始跑步的小技巧

我想在整本书中，我已经说得非常清楚了，我是一个业余跑步爱好者。我跑得很慢，甚至可以算是个糟糕的跑步者。但我擅长焦虑。我是这方面的专家。如果你像我一样焦虑，或是刚刚体验到焦虑，并且感受到焦虑越来越强烈，你也可以试着去跑步。如果是这样，也许我开始跑步的实战经验会帮到你，让你避开我曾遇到的一些陷阱。应该说，有很多书籍、博客和应用程序也适用于跑步者——每个人都能找到适合自己的建议，所以如果你觉得我的建议不适合你，那就去寻找其他建议，而不要想当然地认为跑步不适合你。更有可能的是，我所说的一切你都已经知道了——这些只是我的观点，你总能发现更多新观点。我想起了格劳乔·马克斯（Groucho Marx）的名言："这是我的原则，如果你不喜欢它们……好吧，我还有另外一些原则。"

- 锻炼意味着必须克服不运动的旧习惯。我们过着久坐不动的生活，要摆脱日常生活习惯需要付出很多努力。跑步是一项艰苦的工作，有时会让人觉得违背天性，尽管它其实是一种自然本能。所以，你需要制定一个时间表，并努力坚持下去。否则，你可能会被一些欲望控制：多赖床5分钟，或在Netflix（网飞）上再看一集剧。这些习惯很难改掉。

●暂时不要购买大量酷炫的新装备。当你爱上跑步的时候，或者至少当你知道自己需要什么的时候，这种冲动迟早会出现。直到开始长跑，因为没带钱买水或乘公共汽车，我才知道我需要一个腰包。跑步是一项非常适合初学者的运动，因为它不需要任何特制的紧身裤或昂贵的设备。我一开始穿着旧运动服和舒适的运动鞋。到了某个时候，你需要买一双合适的运动鞋，那就去运动商店试穿购买。我去的是Runner's Need。但还有很多其他地方可以测量你的脚并检查你的步态。先不要担心。

●慢慢来。我是说，跑步的时候尽量慢。你也许觉得这很可笑，你的身体本能地想要加速，但是要抵制这种冲动。开始的时候我跑得太快，感到上气不接下气，浑身刺痛，很快就因胫骨疼痛和膝盖酸痛停止了。在跑步的早期受伤可能会让你放弃，这是毫无意义的。检查你的步伐——下载一个跑步应用程序，它会计算出你跑完1千米的速度。不管你用了多长时间，试着再慢一些。当我理解这一技巧后，跑到第10分钟我就开始减速，放慢速度后，我花了7分半钟才跑完1千米。这很好，因为你会随着体能进步而加快速度。重要的是给自己时间去爱上跑步——如果你受伤了，或者你的身体尖叫着让你停下来，你就无法爱上跑步。

•下载一个初学者的5千米应用程序。这个技巧并不适合所有人——如果你想自由地跑步，而不必被一个美国人怪异微弱的声音左右，我完全可以理解，因为这个声音最终会萦绕在你的梦中。但是，对于那些对自己的运动能力没有信心的初学者来说，这个工具是非常棒的——如果你已经感到焦虑或悲伤，那么让我们面对现实吧，我说的可能就是你。我在规定的时间内连续跑完5千米的那一天简直太神奇了。我没有感到过度拉伸，也没有呼吸急促，喘不过气。我觉得自己简直不可战胜，而且，大多数人会染上一个毛病，就是当你完成程序设定的任务时，忍不住想继续跑下去。这并没有什么坏处……

•带水。大多数专家说，短距离跑步时不需要带水。但对于焦虑的人来说，如果你感到恐慌，需要停下来，带一瓶水可能会有所帮助。小口啜饮，直到你的呼吸恢复正常。每当我感到恐慌或身体过热时，我就会停下来喝点水。然后我会意识到，我的心跳加快是因为运动，而不是因为焦虑。我有一个很酷的瓶子，可以捏成各种形状，拿着它就像握着一个带霓虹灯的武器。你也可以买一个普通的水瓶，随便啦。

•播客和音乐会有帮助。同样，并不是每个人都喜欢播客和音乐，但当我感到无聊或疲惫时，它们会分散我的注意力。更重要的是，在开始跑步的时候，它们让我的大脑有专注的焦点，从而不会担心别的事。当我感到焦虑，或者当一个地方太吵，我怀疑我的大脑难堪重负的时候，我仍然会开大耳机的音量。我是阿加莎·克里斯蒂的超级粉丝。离奇的谋杀，戴维·苏切特抚慰人心的语调都是我的选择。偶尔我也听死亡金属音乐。

●照顾好你的脚。脚底布满皮下感受器——它们对刺激做出反应，并将相关数据传输给大脑。它们的作用超乎你的想象。尊重它们，给它们休息的时间。如果对自己的跑步方式有疑问，去找专家咨询。如果脚受伤了，你就不能跑步了，所以务必小心。为了保护双脚，我放弃了心爱的高跟鞋。（那些认为女性颤巍巍的步态很好看的男人似乎总能设计出不舒服的鞋子，但这个话题可以另写一本书。）

●如果离开安全区域会让你感到脆弱，那么就从小事做起，绕着附近的马路跑一圈。一直在这条路上跑，直到你确信可以换一条路。这是很重要的，你不能逼着自己前进。倾听身体的反应。等你更自信一些，你一定能跑得更远。我在那条小巷子里跑了好长时间才更进一步，我很高兴我做到了。最后，我甚至觉得有点无聊，但有时候无聊可以对抗焦虑。在某一时刻，你不再害怕，只是感到有些厌倦，这时的你就不太可能被非理性的恐惧所束缚。我认识一些人，他们租了跑步机在家里跑步，如果你家里有空间也可以这样做。我应该把我的床卖了换一台跑步机，但我不确定从长远来看这是不是一件舒服的事情。如果你害怕一个人出门，那就找个朋友和你一起跑步，或者找个附近的跑步俱乐部。永远不要羞于告诉别人你有一些顾虑或是需要停下来——在一本关于马拉松训练的书中，亚历山德拉·赫明斯利说，根据她的经验，跑步让人变得友善。我同意——所以如果你感到恐慌，不要觉得自己很傻，只要解释一下就好了。没有人会觉得奇怪或为难。

●记住，跑步并不一定意味着要跑马拉松、锻炼强大耐力和六块腹肌。有些人会往这些方向努力，有些人则会一周绕公园跑两次。我说过，我属于后一种阵营，我可以向你保证，这种选择也很好。不管你能跑多远，只要不断进步，这就很好了。如果你也决定跑马拉松，当然很棒，但这不是一个强制性的终极目标。对于极度焦虑的人来说，跑完 5 千米就是一个巨大的成就。如果你拿自己和其他跑步者比较，就会不那么享受跑步了。

●没有人会盯着你看。我知道一开始你不会相信，但这是真的。如果你患有社交焦虑障碍，你可能会担心这件事，我完全理解这种恐惧。跑步的时候，会有一种强烈的自我暴露感，并感到慌乱和恐惧。当我在夜晚跑步时，每当看到有人走过来，我就会停下脚步。我在好几个月里不愿穿紧身裤，用宽松的运动衫遮盖身体。我花了很长时间认真思考我当时最害怕的是什么。除了陌生地方带来的恐慌感，我最害怕的是被陌生人嘲笑。我以为当我慢吞吞地从人们身旁跑过时，他们会嘲笑我，指指点点、评头论足，发现我完全是一个新手，在货车上鸣喇叭。我之前提到过这种现象，这是跑步者普遍的担忧——尤其是对女性而言，她们在锻炼时还必须做好遭受性别歧视言论抨击的心理准备。但其实没有人真的在意你。有一次，我在运河边的小路上跑步，跌倒在一个人的脚下，但他继续若无其事地吃着三明治。这多好。但我仍然很生气。

●对于长久沉浸在恐惧和悲伤之中的人来说，跑步似乎是一种疯狂的举动，但对大多数人来说，这是一件稀松平常的事。他们各忙各的事情，几乎不会留意你在跑步。你很快就会意识到这一点——尤其是当你看到大多数人都盯着手机，你不得不在迎面相撞之前绕过他们的时候。当你发现这有多烦人时，你甚至会希望人们能多看你几眼。偶尔也会有怪人对你评头论足，但跑步的好处是，当听到那些话时，你已经跑远了。

●花点时间去欣赏周围的美景。我知道说这话会让人误以为我是三流的人生导师，但这确实是跑步的乐趣之一。焦虑会让你变得内向，永远看不到周围的一切，总是强迫大脑关注消极可怕的信息。跑步让你看到外面的一切，专注于周围的环境，让你用新的眼光看待世界。你不仅要关注路上的行人，注意交通信号灯的变化，而且会看到面前的整个空间——无论那是一条人潮汹涌、车水马龙、商铺林立的主干道，还是一条只有几只羊在吃草的乡间小路。因为跑步，我看到了这美好的一切。几乎每次去跑步，我都会停下来看看身边的建筑物、欣赏一张海报或日落的景象。我的手机存满每天散步时拍的照片：奇怪的街道名字、美丽的风景，还有一路上看到的狗狗。给狗狗拍照有点奇怪，你没必要这么做。我经常仰望伦敦建筑物的顶部，有时会发现奇怪的建筑和华美的装饰。我在阳光明媚的街道上奔跑，迎着太阳，一边跑一边吸收着温暖的能量。我保证你在跑步时会注意到一些令你停下脚步的事物，如果你不跑步，你永远也看不到那些事物。在我开始跑步之前，我从未有过这样的感觉。我用双脚敲击城市的地面，探索它的秘密。我不只在伦敦跑步，每当我去到一个新地方，我都会在那里跑步。这是熟悉一个新的地方，感受它的节奏，欣赏它的风景的最好方法。

● 跑步同样不能带来即时的解脱。抗抑郁药物需要两周时间才能发挥药效，跑步可能需要更长时间，才能让你发现自己有了一些积极的改变。或者没有改变——一开始，我的第一感觉是更加糟糕了。泰迪·罗斯福（Teddy Roosevelt）说："生活给人最好的回报，无疑是有机会为值得做的事付出努力。"[136] 罗斯福曾是美国总统，而我只是在谈论跑步，但唐纳德·特朗普是现任美国总统，这显然表明正常的规则已经不再适用于当今世界，因此，我们可以把这句话应用在跑步上。跑步是艰难的。你可能会在一段时间，甚至很长时间内讨厌跑步，但这并不意味着这项运动不值得尝试。有时我在寒冷的天气里跑步，心里一百个不情愿，甚至后悔自己开始跑步。但我坚持跑了下去。没错，跑步很艰难，但我的努力为我带来了 5 年前无法想象的回报。我从来没有像跑步这样，全身心投入到一件事中，这本身就是一种成就。如果我能请你——一个陌生人——帮个忙，我会请你试着跑 3 个月，然后再重新评价这项运动。有时候，你必须花上这么长时间，才有机会回顾自己取得的进步。请相信我，你会有进步的。

• 善待自己。珍惜每一个小目标，确保你对自己正在做的事心中有数——你的大脑并不总是你的朋友。但请不要跑完步后买冰激凌吃或喝酒。如果你突然恐慌发作，需要回家，千万不要责备自己。跑步的过程并不总是沿直线前进（那样会很无聊），有时你会走上岔路，遇到障碍，你可以再试一次。这不是失败。跑步这件事无所谓“失败”。

• 关注身体发出的信号，但不要太在意。有时你会感到焦虑，你必须提醒自己，运动也会引发与恐慌类似的身体症状——呼吸急促、出汗、心跳加速、四肢颤抖。但这一次，这些症状是正面的信号。你很快就会习惯这些感受的积极意义。慢慢地，你会感到呼吸变得有节奏了，而且你很快就会习惯。每次跑完步还可以记录下自己的感受（内心或其他方面的感受）——总结出一天之中最适合跑步的时间，出门前需要的食物。这样，你可以设计出一套常规的跑步方案，适当缓解焦虑和压力。

• 享受乐趣。跑步的确很辛苦。你听说运动对心理健康有好处，但不该因为这个理由就强迫自己把跑步当作一件被迫忍耐、毫无乐趣的苦差事。维巴·克雷根-里德建议我不要把跑步看作“锻炼身体”，这对我很有帮助。我很喜欢跑步。“锻炼是机械性的行为，你为了某个特定的结果而锻炼身体，比如为了获得健康的心脏或对治疗糖尿病有益。跑步不仅仅是一种减肥方法，它是一种多维度的运动，其意义比单纯的锻炼要广泛得多。”努力记住这一点。试着以任何对你有用的方式跑步——无论是跑上10分钟，向山顶冲刺，在跑步机上慢跑，或是和同伴一起快乐地跑步，冲下山坡。还记得你小时候是怎么追逐小伙伴的吗？这种孩子气的放纵无论沉睡了多久，都是可以找回来的。

我说过，我不想让这本书以纯粹的希望和快乐结尾，仿佛跑步是人生的魔力豆。但这本书确实是在讲述跑步如何改变了我的生活，让我从恐慌和痛苦中解脱出来。所以，我想我可以写下一些自己的经历：从4年前第一次短暂而悲伤的跑步开始，我的生活发生了什么改变。生活是复杂的，其走向不断变化，我们都会犯错。我也一样。作为一个跑步者，我的生活中并非充满阳光和励志名言（根本就没有什么励志名言——那都是些可怕的东西）。生活有时糟糕，有时灿烂，但跑步给我带来的最重要的改变是：我有了希望。我的生活不再完全被担忧、恐慌、厄运和沮丧支配。当你摆脱了这些负面的重压后，你可以做更多事。

有些人可能会认为，我之所以能取得这份（小小的）成就，是因为我已经从心理疾病中走出来了，或是因为我的心理问题一开始就不太严重。我向你保证，不是这样的。在几年时间里，我的情况一年比一年糟，有时我对未来几乎彻底失去希望。焦虑很少会“离开”。有些人可能很幸运，有一天发现焦虑飘走了，但对我们大多数人来说，焦虑是终身的伴侣，我们必须学会与焦虑共存。但与它共存并不意味着忍受它，或屈服于它，而是意味着找到方法忽略它、稀释它，让它无法发挥威力。

现在我一个人住。从前这对我来说是难以想象的，长时间独处太可怕了。我担心一个人无声无息地死掉，被人发现的时候猫正在吃我的脸；我害怕遭遇入室抢劫，在浴室滑倒，失火烧掉公寓。（以前我出门的时候会把蜡烛带走，以防它们神奇地“重新燃烧”。）我最担心的是孤独。如果我讨厌自己，独处的时候怎么会感到快乐？然而，当这些没完没了的烦恼消失后，我发现了内心深处的自己。听起来很荒谬，但过去我常常无法清晰地表达我是谁，甚至无法描述出自己的性格。我不确定焦虑的背后是什么，而焦虑一直是我最突出的特征（还有一个就是我的鼻子骨折了）。剥掉那层皮（我指的是焦虑，而不是我的鼻子），我便知道自己是谁了。独处并没有那么可怕。我可以独自思考，不需要依靠别人的鼓励度日。我粉刷、装饰了公寓，盼望一个人在家过夜。当我感到有些焦虑的时候，不再必须需要别人牵着我的手。第一次，我可以让自己彻底冷静下来。对我来说，这是一个非凡的壮举。

我独自旅行，也和别人一起旅行。现在我很期待旅行。过去，新的经历和巨大的变化总是让我因恐惧而瘫痪——我总是在搜索可能出现的灾难，但现在我已经离开过安全的家乡好几次了。这真令人高兴。去年我在纽约工作，那是一个令我兴奋的地方（摩天大楼、人群和地铁——哦，天哪！），我喜欢那里。能够完全融入一个你认为自己永远不会去的城市，这是最令我兴奋的事。我从来没有想过，有一天我会有足够的力量，走在一个陌生的地方，没有人知道我在哪里。我现在期待新的体验，而不是为每一次改变做最坏的打算——你可以想象，这样的旅行一定不会太有趣。

我换了工作，离开了庇护我整整 11 年的安全网。安全网对焦虑的人来说至关重要，但安全网也会把你困住。尝试新事物虽然可怕，但是必要。我有了新的信念，我可以做到。

我开始了一段新的恋爱关系，在这段关系中，我对自己的心理健康状况持开放的态度。我是一个足够完整的人，我可以恰当地在关系中与对方互动，而不需要控制和限制关系的走向。我找到的这个人很善良，这段关系不会伤害我。因为他很善良，我不必害怕他对我的心理问题的反应。他没有要求我坚强起来，克服问题，或者停止爆发。爱情和跑步似乎是风马牛不相及的两件事，但对我来说，它们之间的联系像钢筋一般坚韧。如果我没有在跑步上取得这样的进步，我不可能开始一段新恋情，真的。

在经历过一场灾难性的婚姻后，我失去了信心。我认为我永远不可能开始另一段感情——永远不应该尝试另一次恋爱。就好像我不配获得爱情——尤其我是这样一个充满执念、担忧和恐惧的人。但是慢慢地，慢慢地，我改变了主意，也许是第一次，我觉得我值得和另一个人重新建立关系。我可以放下从前的伤痕，完全投入新的感情。这是多么完整和美妙的事情。我不敢相信我的运气——现在仍然如此。在我确保自己能独立完成所有的事情之前，不会考虑寻找一位伴侣，展开一段新恋情。我不能像以前那样，依靠别人让自己感觉更强大、更好。我必须自己做到这些。这是我衡量自己能否进入婚姻关系的标准。在去年我和男友共进晚餐时，我坐在他对面向他求婚，因为我觉得自己已经准备好了。

我为我轻微的自我膨胀感到十分抱歉。从大处看，我取得的这些成绩不算什么。我没有爬过山，没有营救过儿童，也没有赢得过任何奖项。但我所做的事情已经超越了自我的想象，我拓宽了对自我可能性的看法。我是通过跑步做到这些的。最初，跑步意味着我可以在那 3 分钟里摆脱大脑的控制和极度的痛苦。现在，我每天晨跑一个小时。刚开始跑步的时候，无论是生理还是心理上都会遇到困难。每跑一分钟，我都会质问自己为什么要做这件事。我觉得自己愚蠢、不健康、一无是处。跑步仍然很难。我不想在伦敦无情的人行道上跑步，就好像我不想跳进水花四溅的泥坑里。我不会雀跃地跳下床去跑步。但我仍然跑了。我出去冒险，头脑变得清醒，在某种程度上，我与周围的环境产生了联系。我的大脑意识到，这个世界比我内心的恐惧更为广大。我看到人群、美景和混乱的场面。我的脚与地面相连，我活在当下。我运动着，无论多么笨拙，多么缓慢。头脑中念头涌现，又突然离开。除了奔跑，没有什么是一成不变的。我可以等一会儿再忧虑。最重要的是，我找到了不再孤独的独处方式。一种属于我自己的独立存在的方式。

跑步需要信念。你要相信你能做到。相信你的腿会自然运动，你会保持直立，最终你会做得更好。保有这种感觉、这份希望是很难的，尤其是一开始感觉很困难的时候。但如果坚持下去，你最终会获得回报。与从前不同，现在你是一个跑步者。这个事实多精彩啊！

心理疾病也需要信念。你要相信你会感觉更好。相信你不会坠入深渊，永无出头之日。永远怀着这份信念可能很难。有时候，人们告诉你必须抓住希望，而它却似乎无处可寻时，你会感到痛苦。我之前曾提到艾米莉·狄金森的诗句，她提醒我们，希望是长有翅膀的。让我们通读一遍这首诗，在黑暗的日子里，它值得被你铭记在心：

> “希望”是长着翅膀的鸟儿，
> 它栖息在灵魂之中，
> 唱着无言的歌曲，
> 从未止息。
>
> 风暴中它的歌声最为甜美，
> 在这必然的磨难中，
> 鸟儿惊惶不已，
> 却依然温暖地歌唱。

我听到过这种声音，
在最寒冷的陆地上，
在最陌生的海上，
纵使它身处绝境，
却从未向我索取分毫。

信仰，希望，你怎样称呼它都行。不管它多么微小，抓住它。跑步是我的希望。或者说，是跑步给了我希望。我不知道。但无论如何，它让我摆脱了一生的焦虑和抑郁，它把我带离不断缩小的安全空间，把我推向真实的生活。跑步让我对自己有了信心——如果我能跑，而且不再害怕，那么我想我也可以做更多事。我可以打造一个人生的地基，它是坚固的，不是用沙子建造的，也不是基于“恐慌”的。这个地基让我有了主心骨，当我遭遇一些不快乐的事情时，不会再失控。它是完全属于我的，我付出努力，得到了它。

这不是一个一帆风顺的过程。事实上，有时候很难。如果我告诉你每周跑5分钟就可以了，你不会体验到重大的改变。必须把这件事当成一份工作，持续不断地努力。我不太喜欢“每件值得做的事都很难”的观点，但对跑步来说，确实如此。在对心理健康问题的接受和理解上，我们已经取得了长足的进步，但有时我们过于固执地认为只有特定的治疗方式才有效果，因此未能探索其他途径。跑步对我来说是另一种途径，但它与你选择的任何其他治疗方式的难度不相上下。

即使过了这么长时间，我每次跑步的体验仍然不一样。一些跑步很短，目的是摆脱越发严重的宿醉（随着年龄的增长，宿醉只会更加严重，这是真实的警告）。一些跑步漫长随意，我能跑多远就跑多远。有时我可以跑得很快，我感到大量能量在身体里涌动。偶尔，我也会爆发出巨大的喜悦，冲下山坡，心里大叫着“冲啊——”，像个孩子一样。通常情况下，我跑得很艰难，但这也没关系，我知道它们仍然很重要。每次跑步，我都能从中得到一些东西。一段休息时光，或是独处的时间，有时我会看到一些美好的东西，想通一个问题，摆脱一件琐事的烦扰。就在我写下这段话之前，我和妈妈吵了一架，变得精神恍惚、紧张不安，然后我去跑步了。当我回到家的时候，愤怒已经消失了。我以后可能还会给她打电话。当我跑步的时候，即使我没有意识到，大脑也在工作。

跑步是我的解脱之道，帮助我度过艰难的时刻。你的解脱之道可能会以另一种形式出现，但请试着去寻找它——直到你找到为止。你需要解脱，因为你不该日复一日生活在痛苦之中。

我保证未来会有更好的日子。有很多方法可以更有效地解决心理问题；有些方法你可能还没有发现。我从地板上爬起来，开始摆脱焦虑。这对我来说是一个恰当的起点——因为那是我人生中最低落的时刻。渐渐地，我有了进步，摆脱了恐慌发作和侵入性思维，我原以为这些念头会让我恐惧得发狂。我觉得我还没有彻底摆脱心理健康问题——毕竟，大脑就像身体一样，有时会出问题，堵塞，减速。但现在我知道，我可以通过跑步来摆脱一系列固着的症状。这就像经常给轮胎充气或检修锅炉一样平常。

但更重要的是，跑步让我快乐。跑步不仅可以创造心流、高峰体验，即时提升身体能量，它也让我向外看世界，而不是一直睡觉。跑步让我看到了从前未知的可能性：要做的事，要去的地方，要建立的关系。我试着去体验这一切。跑步塑造了我的性格，将我的焦虑释放到其他渠道。阿兰·德博顿曾经写道："所谓的'人性'，其中最大的一部分是由我们选择保护自己免受焦虑和悲伤侵袭的方式所决定的。"[137]

跑步对我有用。我相信它也会对你有用。现在我要关掉我的笔记本电脑去跑步了。也祝你慢跑愉快。

资源

Here are some resources that have helped me. If you feel like you need some support, they might help you too.

网站

https://www.mind.org.uk/ – Providing support for those with mental-health problems, and for their families. Lots of advice, facts and helpful links.

http://www.ocduk.org/ – A website dedicated to help adults and children with OCD. It has great blogs by people who suffer from OCD.

https://www.rcpsych.ac.uk/ – The Royal College of Psychiatry provides information, learning resources and advice on how to navigate issues like work and housing when you have a mental illness.

http://www.ptsduk.org/ – The UK charity which provides support and advice for anyone suffering from PTSD.

https://www.bacp.co.uk/search/Therapists – The British Association for Counselling and Psychotherapy can help you find a qualified therapist.

https://www.runnersworld.co.uk/ – A website stuffed full of amazing stories, tips and routes. Everything you need as a running obsessive.

https://www.nhs.uk/LiveWell/c25k/Pages/couch-to-5k.aspx – The hallowed Couch to 5K programme I've banged on about.

http://www.therunningcharity.org/ – The running charity I was inspired by: go and read about their amazing work.

https://www.thebodypositive.org/ – The site to go to for positive body discussion.

https://youngminds.org.uk/ – A charity specialising in mental-health matters for younger people.

http://www.activityalliance.org.uk/get-active/inclusive-gyms – A site which can point you towards gyms near you which can host those with disabilities.

应用程序

Strava – Maps routes and shows you where others go in your area, and lets you keep up with friends who also run.

Couch25K – Coaches you from the first minute of running all the way to 5 kilometres without stopping.

Runkeeper – Saves your running routes and times, and lets you record how you felt during every outing.

MapMyRun – Lets you record your run with a chip in your shoes if you hate taking a phone out when you exercise.

书籍

Adam, David, *The Man Who Couldn't Stop* (Picador, 2014).

Askwith, Richard, *Running Free: A Runner's Journey Back to Nature* (Yellow Jersey, 2015).

Austen, Jane, *Pride and Prejudice* (1813; Wordsworth Editions, 1992).

Bretécher, Rose, *Pure* (Penguin, 2015).

Burton, Robert, *The Anatomy of Melancholy* (NYRB Classics, 2001).

Challacombe, Fiona, *Break Free from OCD* (Vermilion, 2011).

Cregan-Reid, Vybarr, *Footnotes: How Running Makes Us Human* (Ebury, 2017).

Emily Dickinson: The Complete Poems (Faber & Faber, 1976).

Fisher, Carrie, *Wishful Drinking* (Simon and Schuster, 2008).

Gordon, Bryony, *Mad Girl* (Headline, 2016).

Harvie, Robin, *Why We Run: A Story of Obsession* (John Murray, 2011).

Heminsley, Alexandra, *Running Like a Girl* (Windmill, 2014).

Kessel, Anna, *Eat, Sweat, Play: How Sport Can Change Our Lives* (Pan Macmillan, 2016).

Mantel, Hilary, *Wolf Hall* (Fourth Estate, 2009).

Menzies-Pike, Catriona, *The Long Run: A Memoir of Loss and Life in Motion* (Penguin Random House 2016).

Morgan, Eleanor, *Anxiety for Beginners* (Pan Macmillan, 2016).

Murakami, Haruki, *What I Talk About When I Talk About Running* (Harvill Secker, 2008).

O'Sullivan, Ronnie, *Running* (Orion, 2013).

Otto, Michael, and Jasper A. J. Smits, *Exercise for Mood and Anxiety: Proven Strategies for Overcoming Depression and Enhancing Well-Being* (Oxford University Press, 2011).

Peterson, Andrea, *On Edge* (Crown Publishing Group, 2017).

Rhodes, James, *Instrumental* (Canongate, 2014).
Rice-Oxley, Mark, *Underneath the Lemon Tree: A Memoir of Depression and Recovery* (Little, Brown, 2012).
Rinpoche, Sakyong Mipham, *Running With The Mind Of Meditation* (Three Rivers Press, 2013).
Stossel, Scott, *My Age of Anxiety: Fear, Hope, Dread, and the Search for Peace of Mind* (Windmill, 2014).
Weekes, Dr Clare, *Self-Help for Your Nerves* (Harper Thorsons, 1995).
Young, Damon, *How to Think About Exercise* (Pan Macmillan, 2014).

一些完全不同的方法

当我们的情绪过于低落或是极其亢奋，可能很难去运动。在这种情况下，对自己温和一些，不要强迫自己。你可以做些别的事，把注意力从糟糕的情绪中转移开去。下面是我做过的一些事情：

听书。如果你的视线模糊，连一个句子都记不住，无法集中精力阅读一本书，可以考虑有声读物。首先你可以下载一些曾经读过的书——我听了很多阿加莎·克里斯蒂和 P. G. 沃德豪斯的书，因为他们是我熟悉的作家，可以安抚我的心灵。即使你听不进去也没关系，这是个潜移默化的过程，你会发现听书能让你放松。

看剧。在流媒体服务时代，连看 8 集电视剧来转移注意力比任何以往时候都更容易做到。我并非建议你每天追剧度日，但一部精彩的剧集确实能缓解焦虑或悲伤的思绪。我最喜欢的剧集是《白宫风云》（这部剧集情节精彩，扣人心弦，而且里面的总统不是唐纳德·特朗普），以及《发展受阻》（*Arrested*

Development）的前几季。当我想用熟悉的幽默情节安抚自己时，我会看《我为喜剧狂》（30 *Rock*）。

烹饪。对我而言，烹饪特指烘焙。如果你想暂时转移注意力，亲手制作食物会有不可思议的效果。尝试一些复杂和高难度的烹饪技巧，你的大部分注意力都会被占据。互联网上有大量免费食谱网站，但我最喜欢的是奈洁拉·劳森（Nigella Lawson）的网站。为什么不试着做一下“瘦身派”呢？光听名字就有诱惑力……这是“瘦身派”的网址：https://www.nigella.com/recipes/girdlebuster-pie。

园艺、缝纫、绘画、DIY。这些建议可能会让你觉得我就像你的奶奶，但它们都是你用双手可以做到的事情。而且，在做这些事的时候，你不得不把思维从忧虑上转移开去。结果会让你感到自豪，你将体会到成就感，至少，你的大脑能得到片刻休息。我曾经画过一些难看的花盆，养死了很多植物，做了很多半途而废的衣服。但这些事情都曾让我全神贯注。园艺尤其能让我看到一些曙光——我曾担心自己什么植物也养不活，但妈妈告诉我：“植物渴望活下去。”看到花朵坚强地迎着阳光绽放，我可以提醒自己：要继续活下去，哪怕很艰难。

在自己喜欢的地方漫无目的地散步——一条小径、一个公园，或是你喜欢的街区。把注意力放在双脚的步伐上，不要担心速度和距离，只需要像阿甘那样走下去，直到你想要回头。如果你感到恶心或是肾上腺素分泌过量，我保证散步 5 分钟能让你平静一些。

在脑海中记下对你有用的方法。如果感到情绪低落，就去烘焙蛋糕或者弄一些颜料画画。收集你的应对方法。如果你发现新的方法，请告诉我。如果你发现哪些方法好用，就可以一劳永逸地把它们作为让自己平静下来的练习。把它们放进你的智慧背囊，随时启用。祝你好运！

注释

1km 一切都糟透了

1 https://news.harvard.edu/gazette/story/2008/06/text-of-j-k-rowling-speech/

2 J. D. Salinger, *The Catcher in the Rye* (1951; Penguin, 2010).

3 https://www.nytimes.com/1999/07/19/arts/to-invigorate-literary-mind-start-moving-literary-feet.html

4 https://www.ncbi.nlm.nih.gov/pubmed/19265317

5 https://press.rsna.org/timssnet/media/pressReleases/14_pr_target.cfm?ID=1921

6 https://qbi.uq.edu.au/blog/2017/11/can-you-grow-new-brain-cells

7 In Gerda Lerner, ed., *The Female Experience: An American Documentary* (OUP, 1992).

8 https://www.nice.org.uk/guidance/ph17/evidence/review-1-epidemiology-revised-july-2008-371243053

9 https://www.medscape.com/viewarticle/863363

10 http://www.ucl.ac.uk/news/news-articles/0813/22082013-Half-of-UK-7-year-olds-sedentary-Dezateux

11 https://www.gov.uk/government/news/number-of-children-getting-enough-physical-activity-drops-by-40

12 https://www.womeninsport.org/wp-content/uploads/2015/04/Changing-the-Game-for-Girls-Policy-Report.pdf

13 https://www.womeninsport.org/wp-content/uploads/2017/11/Girls-Active-statistics-1.pdf?x99836

14 https://www.nimh.nih.gov/health/topics/obsessive-compulsive-disorder-ocd/index.shtml

15 https://www.theguardian.com/education/2015/dec/14/majority-of-students-experience-mental-health-issues-says-nus-survey
16 https://www.theguardian.com/lifeandstyle/2016/aug/30/outdoor-fitness-parkrun-british-military-forces-project-awesome-parks
17 https://www.theguardian.com/lifeandstyle/the-running-blog/2018/apr/25/parkrun-makes-us-fitter-but-can-it-make-us-happier-as-well
18 http://www.manchester.ac.uk/discover/news/exercise-helps-young-people-with-psychosis-symptoms-study-shows/
19 https://www.psychologytoday.com/us/blog/the-truth-about-exercise-addiction/201504/how-many-people-are-addicted-exercise

2km 生病与健康

20 https://www.theguardian.com/commentisfree/2018/mar/07/mental-healthcare-patients-dying-reform
21 https://www.mind.org.uk/information-support/types-of-mental-health-problems/statistics-and-facts-about-mental-health/how-common-are-mental-health-problems/
22 http://blogs.bmj.com/bmjopen/2016/11/03/worried-well-may-be-boosting-their-risk-of-heart-disease/
23 https://people.com/archive/carrie-fishers-bipolar-crisis-i-was-trying-to-survive-vol-79-no-12/
24 https://www.mind.org.uk/information-support/types-of-mental-health-problems/anxiety-and-panic-attacks/anxiety-disorders/#.Wvxo45PwaRs
25 https://www.ocduk.org/how-common-ocd
26 Bryony Gordon, *Mad Girl* (Headline, 2016).
27 Eleanor Morgan, *Anxiety for Beginners* (Pan Macmillan, 2016).
28 http://www.nhsdirect.wales.nhs.uk/encyclopaedia/p/article/phobias/
29 https://www.nopanic.org.uk/agoraphobia-cause-and-treatment/
30 https://www.rcpsych.ac.uk/healthadvice/problemsanddisorders/shynessandsocialphobia.aspx

31 https://www.ptsd.va.gov/public/ptsd-overview/basics/history-of-ptsd-vets.asp
32 https://www.nhs.uk/conditions/post-traumatic-stress-disorder-ptsd/
33 https://www.mind.org.uk/information-support/types-of-mental-health-problems/statistics-and-facts-about-mental-health/how-common-are-mental-health-problems/#.Wv2Wa5PwaRs
34 https://www.ons.gov.uk/employmentandlabourmarket/peopleinwork/labourproductivity/articles/sicknessabsenceinthelabourmarket/2016
35 For more about *The English Malady* I recommend this BBC Radio 4 programme: http://www.bbc.co.uk/radio4/history/longview/longview_20031007_readings.shtml
36 https://www.theguardian.com/books/2001/aug/18/history.philosophy
37 https://www.nature.com/articles/143753d0
38 https://www.sciencefriday.com/articles/the-anxiety-riddle/
39 https://www.ncbi.nlm.nih.gov/pmc/articles/PMC5573555/
40 https://archive.org/stream/worksofthomassyd02sydeuoft/worksofthomassyd02sydeuoft_djvu.txt
41 http://www.appalachianhistory.net/2008/12/125-reasons-youll-get-sent-to-lunatic.html
42 Lisa Appignanesi, *Mad, Bad and Sad* (Little, Brown, 2007).
43 https://www.nhs.uk/conditions/generalised-anxiety-disorder/treatment/
44 https://www.nice.org.uk/guidance/cg155/update/CG155/documents/psychosis-and-schizophrenia-in-children-and-young-people-final-scope2
45 http://www.bbc.co.uk/news/uk-wales-19289669
46 https://www.pressreader.com/uk/daily-mail/20171229/281479276790129
47 https://www.theguardian.com/commentisfree/2011/jul/10/antidepressants-women
48 https://www.theguardian.com/science/2018/feb/21/the-drugs-do-work-antidepressants-are-effective-study-shows

3km 童年的痛苦

49 http://www.ucl.ac.uk/news/news-articles/0813/22082013-Half-of-UK-7-year-olds-sedentary-Dezateux

50 https://www.sciencedaily.com/releases/2017/01/170131075131.htm

51 https://www.rcpsych.ac.uk/healthadvice/parentsandyoung-people/youngpeople/worriesandanxieties.aspx

52 *The Diaries of Franz Kafka 1910–1913*, edited by Max Brod (Spargo Press, 2010).

53 Scott Stossel, *My Age of Anxiety* (Windmill, 2014).

54 https://www.sportengland.org/media/12419/spotlight-on-gender.pdf

55 Anna Kessel, *Eat, Sweat, Play* (Pan Macmillan, 2016).

56 https://www.womenshealthmag.com/fitness/a19935562/gymtimidation/

57 Alexandra Heminsley, *Running Like a Girl* (Windmill, 2014).

58 http://www.apadivisions.org/division-35/news-events/news/physical-activity.aspx

59 https://www.ocdhistory.net/earlypastoral/moore.html

60 http://www.bbc.co.uk/news/uk-england-merseyside-39702976

61 https://www.theguardian.com/society/2018/apr/26/mental-health-patients-seeking-treatment-face-postcode-lottery

62 https://www.theguardian.com/society/2016/feb/15/nhs-vows-to-transform-mental-health-services-with-extra-1bn-a-year

63 https://www.england.nhs.uk/mental-health/adults/iapt/

4km 现在开始还来得及吗

64 https://www.nhs.uk/conditions/generalised-anxiety-disorder/

65 https://www.centreforsocialjustice.org.uk/library/mental-health-poverty-ethnicity-family-breakdown-interim-policy-briefing

66 https://www.centreforsocialjustice.org.uk/library/mental-health-poverty-ethnicity-family-breakdown-interim-policy-briefing

67 https://www.nhs.uk/conditions/generalised-anxiety-disorder/

68 https://www.theguardian.com/global-development/2016/apr/12/50-million-years-work-lost-anxiety-depression-world-health-organisation-who
69 https://www.refinery29.uk/best-quotes-for-your-20s
70 http://www.ucl.ac.uk/news/news-articles/0908/09080401
71 https://www.theguardian.com/commentisfree/2011/nov/06/charlie-brooker-becomes-a-runner

5km 令人望而生畏的运动

72 https://www.sportengland.org/news-and-features/news/2017/january/26/active-lives-offers-fresh-insight/
73 https://www.theguardian.com/cities/2017/feb/11/uks-cash-starved-parks-at-tipping-point-of-decline-mps-warn
74 https://www.rsph.org.uk/about-us/news/instagram-ranked-worst-for-young-people-s-mental-health.html
75 http://www.thisisinsider.com/fitspiration-social-media-negative-effects-body-image-2017-11
76 https://www.nhs.uk/conditions/obesity/
77 https://www2.le.ac.uk/departments/sociology/dice/documents/Sporting%20Equals%20Exec%20Summary.pdf
78 https://www.ncbi.nlm.nih.gov/pubmed/12213941
79 https://www.tandfonline.com/doi/abs/10.1080/00336297.2014.955118
80 http://www.sportingequals.org.uk/about-us/key-stats-and-facts.html
81 https://www.theguardian.com/lifeandstyle/2013/sep/16/exercise-fitness-disability-multiple-sclerosis
82 https://www.scope.org.uk/support/tips/practical/sport-fitness
83 http://www.activityalliance.org.uk/get-active/inclusive-gyms
84 http://healthandfitnesshistory.com/explore-history/history-of-running/
85 https://www.olympic.org/ancient-olympic-games/the-sports-events
86 Vybarr Cregan-Reid, *Footnotes: How Running Makes Us Human* (Ebury, 2017).

87 https://physicalculturestudy.com/2015/06/15/born-to-run-the-origins-of-americas-jogging-craze/
88 https://www.bmj.com/content/344/bmj.e2758
89 https://ajp.psychiatryonline.org/doi/10.1176/appi.ajp.2017.16111223
90 https://academic.oup.com/occmed/article/63/2/164/1376130
91 http://www.jneurosci.org/content/33/18/7770
92 https://uanews.arizona.edu/story/ua-research-brains-evolved-need-exercise
93 https://www.psychologytoday.com/us/blog/the-athletes-way/201211/the-neurochemicals-happiness
94 https://www.mind.org.uk/information-support/your-stories/i-think-i-might-be-dying-chapter-from-mad-girl-by-bryony-gordon/

6km 穿越恐慌

95 https://www.nhs.uk/live-well/exercise/couch-to-5k-week-by-week/
96 Hilary Mantel, *Wolf Hall* (Fourth Estate, 2009), p. 182.
97 Thaddeus Kostrubala, *The Joy of Running* (Lippincott, 1976).
98 https://www.thecut.com/2016/04/why-does-running-help-clear-your-mind.html
99 Ronnie O'Sullivan, *Running: The Autobiography* (Orion, 2014).
100 Eleanor Morgan, *Anxiety for Beginners* (Pan Macmillan, 2016).

7km 我们为什么跑步

101 https://www.bhf.org.uk/news-from-the-bhf/news-archive/2017/april/new-report-assesses-impact-of-physical-inactivity-on-uk-heart-health-and-economy
102 Sakyong Mipham, *Running with the Mind of Meditation* (Three Rivers, 2013).
103 Stephen King, *Hearts in Atlantis* (Scribner, 2002).
104 Catriona Menzies-Pike, *The Long Run: A Memoir of Loss and Life in Motion* (Crown, 2017).

105 https://academic.oup.com/jcr/article/44/1/22/2970267
106 http://www.bbc.co.uk/news/uk-wales-40329308

8km 了解自己的极限

107 Haruki Murakami, *What I Talk About When I Talk About Running* (Harvill Secker, 2008).
108 Alexandra Heminsley, *Running Like a Girl* (Windmill, 2014).
109 https://www.theguardian.com/lifeandstyle/the-running-blog/2017/oct/21/ultrarunning-pain-cave-zach-miller-race
110 Haruki Murakami, *What I Talk About When I Talk About Running* (Harvill Secker, 2008).
111 Alexandra Heminsley, *Running Like a Girl* (Windmill, 2014).

9km 倾听你的身体

112 https://www.gov.uk/government/publications/physical-inactivity-levels-in-adults-aged-40-to-60-in-england/physical-inactivity-levels-in-adults-aged-40-to-60-in-england-2015-to-2016
113 Damon Young, *How to Think About Exercise* (Pan Macmillan, 2014).
114 Haruki Murakami, *What I Talk About When I Talk About Running* (Vintage, 2007).
115 https://www.bluezones.com/wp-content/uploads/2015/01/Nat_Geo_LongevityF.pdf
116 Vybarr Cregan-Reid, *Footnotes: How Running Makes Us Human* (Ebury, 2016)
117 https://www.ons.gov.uk/peoplepopulationandcommunity/wellbeing/articles/lonelinesswhatcharacteristicsandcircumstancesareassociatedwithfeelinglonely/2018-04-10
118 https://www.psychologytoday.com/us/blog/the-art-closeness/201507/4-disorders-may-thrive-loneliness
119 Damon Young, *How to Think About Exercise* (Pan Macmillan, 2014).
120 https://news.stanford.edu/2015/06/30/hiking-mental-health-063015/

121 https://data.worldbank.org/indicator/SP.URB.TOTL.IN.ZS
122 Richard Askwith, *Running Free: a Runner's Journey* (Yellow Jersey, 2015).
123 http://time.com/5259602/japanese-forest-bathing/
124 https://medium.com/@ryancareyy/shinrin-yoku-how-the-art-of-forest-bathing-can-benefit-your-health-e7b37546d3af
125 https://www.ncbi.nlm.nih.gov/pubmed/19568835
126 https://www.mind.org.uk/media/273470/ecotherapy.pdf
127 Carl Jung, *Dream Analysis 1: Notes of the Seminar 1928–30* (Routledge, 1994).
128 https://www.huffingtonpost.com/hanne-suorza/how-i-run-with-mindfulness_b_7528280.html
129 https://www.cgu.edu/people/mihaly-csikszentmihalyi/
130 https://www.smh.com.au/entertainment/celebrity/stay-afraid-but-do-it-anyway-carrie-fishers-honesty-about-mental-illness-inspired-a-generation-20161228-gtiovy.html
131 Amy Poehler, *Yes Please* (HarperCollins, 2014).

10km 陷阱和失望

132 https://www.nationaleatingdisorders.org/learn/general-information/compulsive-exercise
133 Hillary Clinton, *What Happened* (Simon & Schuster, 2017).
134 https://www.theatlantic.com/health/archive/2017/09/how-alternate-nostril-breathing-works/539955/
135 https://adaa.org/understanding-anxiety/myth-conceptions

最后 一些开始跑步的小技巧

136 http://www.presidency.ucsb.edu/ws/?pid=24504
137 Penney Peirce, *Transparency: Seeing Through to Our Expanded Human Capacity* (Simon & Schuster, 2017).

致谢

原本我并不打算写一本关于跑步的书。或者说，我根本没有写书的打算。所以首先我要感谢约瑟夫·齐格蒙德（Joseph Zigmond），他读了我写的一篇关于心理健康的文章，觉得里面的观点可以写成一本书。他在和我一起完成了初始阶段的事务后，便把这项工作移交给汤姆·基林贝克（Tom Killingbeck）。汤姆在整个过程中表现得非常出色，他从未给我制定严格的最后期限，总是用自然亲切的语气鼓励我。因为他，我才觉得整个写作过程不那么可怕。有趣的是，当我写到相当黯淡的经历时，他的态度也帮到了我。

哈珀·柯林斯出版社团队的其他成员都对我有巨大的帮助——他们为我揭开了写书这件事的神秘面纱。项目编辑洛蒂·法伊夫（Lottie Fyfe）负责校对和文本设计；卢克·布朗（Luke Brown）负责文字编辑工作，为我糟糕的语法做了润色；奥利维娅·马斯登（Olivia Marsden）负责组织营销和公关。我实在找不到比这更好的团队帮我出版第一本书了。

开始写这本书的时候，我没有经纪人。在一次圣诞聚会上喝热红酒的时候，我遇到了朱莉娅·金斯福德（Julia Kingsford），她不收报酬，慷慨地帮我看完合同，并把我介绍给了她的搭档查理·坎贝尔（Charlie Campbell）。查理为我解释了各种事项，提醒我注意交稿日期，让我理解了图书出版业的术语。而且，更重要的是，他们向我预付了稿费。他们对我非常友好、耐心。他们的办公室里有一条狗。你如果在寻找出版商，一定要去拜访他们。

感谢那些为了这本书慷慨地讲述自己的故事的人：至今我仍然为你们的勇敢、坦率和力量所折服。在写这本书的过程中，一些人讲述的个人经历让我潸然泪下，你们为了自己（也为了他人），为了让生活变得更美好所表现出的坚韧和决心让我震惊。你们向我讲述了自己身患心理疾病期间最糟糕的经历，希望以此帮助其他痛苦的人。我希望我没有让你们失望。谢谢你们。

感谢我的家人，林赛、艾伦和莉齐，在我最糟糕的人生时刻，他们付出了无尽的善意和支持——我希望每个经历过心理疾病的人都能感受到如此深厚的爱。内斯林、阿奇、玛雅、戴维、米兰达，他们经常开车接我，从来不评判我。巴里，他鼓励我变得坚强，让我不再那么害怕。最后要感谢格雷格，你让我在生命中第一次带着兴奋和热情，看到了新的事物。朋友们，我爱你们。